NF文庫
ノンフィクション

日本陸軍の機関銃砲

戦場を制する発射速度の高さ

高橋 昇

潮書房光人社

日本陸軍の機関銃砲——目次

日本陸軍の機関銃砲

戦場を制する発射速度の高さ

機関銃事始

●ガトリング銃の購入で始まった日本陸軍の機関銃の歴史

機関銃の歴史

昔から銃器の発射速度を上げることは、銃を作る者たちにとって一種の夢ともいえる目標であった。これは金属式薬莢が出現すると共にますます研究が進み、十八世紀なかばから各種の手動連発式ライフルが考えられるようになった。

だが、これらは連発銃であっても、あくまで手動式のものであり、いくら熟練した射手が撃っても、発射速度にはかぎりがあった。なんとかその速度を高める方法はないものかと発明家たちは、色々な方法を考え出したのである。

その結果、銃の機関部がどのように作動したとしても、給弾、すなわち高速な弾込め方法が完成されなければ高速連発銃は完成しないことがわかり、かれらは主に高速給弾方式の開発を重点とした。これにより、アメリカで南北戦争の前後に作られたのが、リボルビング式、ビリンクハルスト式などの手動式速射砲であった。

さらにこれを小口径にし、改良をかさねて完成させたのが、ガトリングやノンデンフェルト、その後はマキシムやホチキス、コルトなどの銃器設計者たちであった。

わが国が、弾を連続発射できる機関銃に注目したのは比較的早かった。しかし、各国がいち早く機関銃を採用したにもかかわらず、日本では「いたずらに弾薬を消耗するもの」として導入しなかった。

ところが、明治三十七〜三十八年の日露戦争では、ロシア軍の陣地攻撃を敢行した際、ロシア軍の持つマキシム機関銃に手痛い損害を出し、連発発射する機関銃の威力をまざまざと見せられたのである。

ガトリング・ガン

わが国で最初に使われた機関銃はガトリング・ガンである。これはアメリカの銃器発明家リチャード・J・ガトリングが、一八〇〇年代前半、リプレー式手動機関銃の設計図やエイジャー式手動機関銃などからヒントを得て一八五一年ごろから取りかかり、一八六二年に特許を得たものである。スタンダード・タイプで、一〇本の銃身を円筒状にたばね、銃後尾のハンドルをガラガラと回すと、連続高速発射ができる仕かけになっており、他にも六本、八本銃身のものもあった。

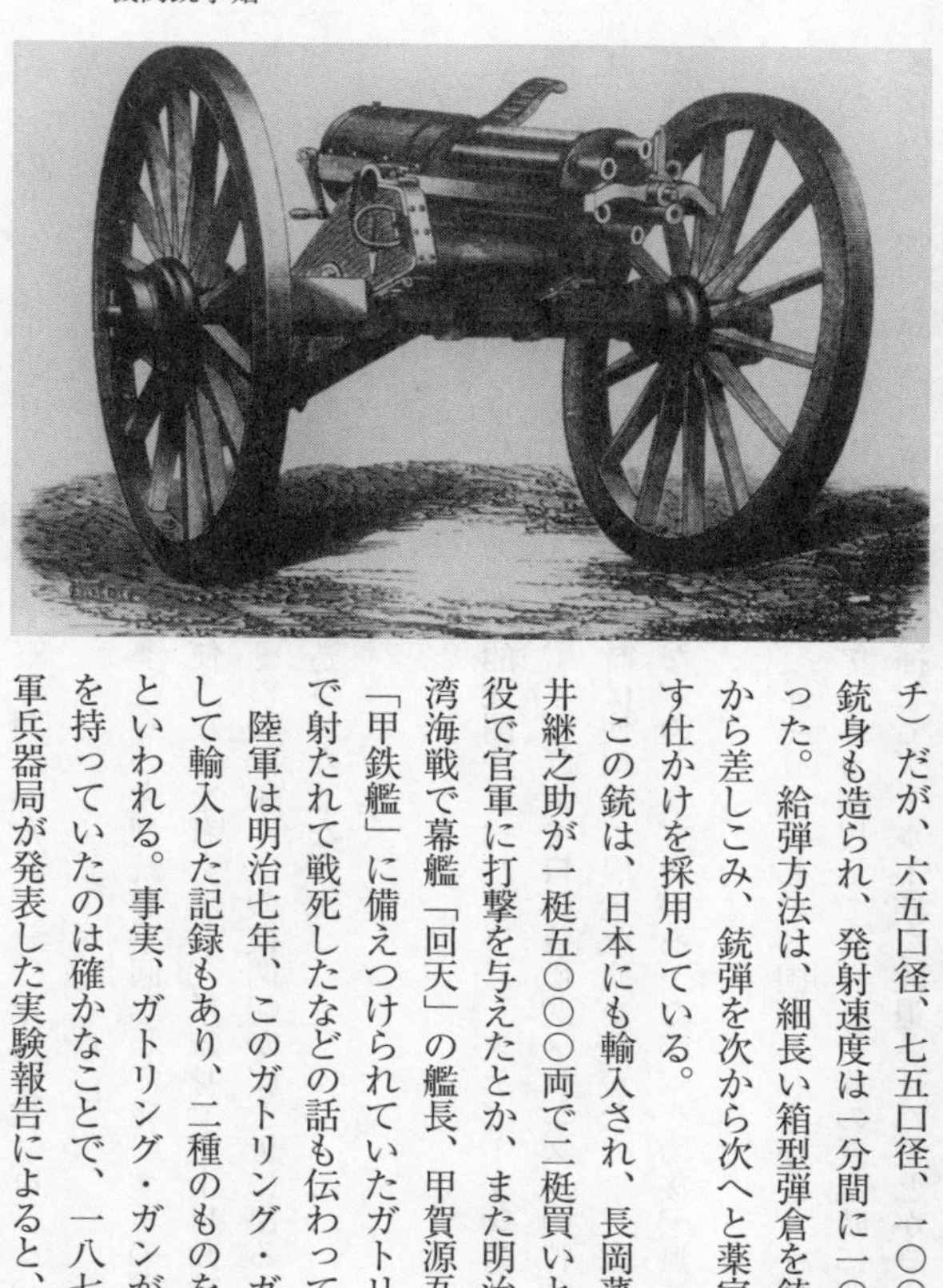

幕末に輸入されたガトリング・ガン

ガトリング・ガンは普通は五〇口径（〇・五インチ）だが、六五口径、七五口径、一〇〇口径などの銃身も造られ、発射速度は一分間に一〇〇〇発であった。給弾方法は、細長い箱型弾倉を銃床基部に上から差しこみ、銃弾を次から次へと薬室に送り落とす仕かけを採用している。

この銃は、日本にも輸入され、長岡藩の家老、河井継之助が一梃五〇〇〇両で二梃買いとり、戊辰の役で官軍に打撃を与えたとか、また明治二年、宮古湾海戦で幕艦「回天」の艦長、甲賀源吾が、官軍の「甲鉄艦」に備えつけられていたガトリング・ガンで射たれて戦死したなどの話も伝わっている。

陸軍は明治七年、このガトリング・ガンを軍用として輸入した記録もあり、二種のものを買い求めたといわれる。事実、ガトリング・ガンが優秀な機能を持っていたのは確かなことで、一八七三年、米陸軍兵器局が発表した実験報告によると、一八六五年モデルの五〇口径ガトリング・ガンで三年間にわたり、一〇万発の試射を行なったところ、銃に全然ガタがこなかったという。

だが、ガトリング・ガンはしょせん多銃身の大型銃を手回しして発射するのだから、狙いの正確さ、射手の疲労度、運搬時の不便さなどを考えると、単銃身で完全自動発射が可能な機関銃に太刀打ちできるはずもなく、その後マキシムの機関銃が広く世に出ると、ガトリング・ガンもふくめて手動式機関銃は製造されなくなった。

マキシム機関銃

マキシム機関銃は、世界最初の実用的機関銃で、ハイラム・スティーブンス・マキシムが開発したものである。彼は一八八四年、イギリスで自動装塡式メカニズムの特許を取り、それをもとにこの機関銃を作ったが、当時は使用弾に黒色火薬を使ったので、火薬の燃えカスが機関部につまって回転不良を起こすなどのトラブルがあったが、その後、無煙火薬に転換し、その欠点が改良された。

当初、マキシム機関銃は高価なため、イギリスはじめ各国もこれをなかなか採用しなかったが、一八九三〜九四年のイギリスのアフリカ植民地でズールー族の反乱時に四梃のマキシム機関銃を使用し、その威力を十分発揮してズールー族を敗退させたことがヨーロッパ中に伝わり、世界各国でマキシムを急ぎ採用することとなったのである。

（上）2輪台車装着型のマキシム機関銃
（下）三脚架装着型の同機関銃

日本陸軍もマキシム機関銃に興味をもち、明治二十二〜二十三年頃これを購入した。当時、日本の銃器は口径九ミリ以下を銃とし、それ以上を砲と呼んでいたため、マキシムは〝機関砲〟と名付けられている。

日本で買い求めたマキシム機関銃は二種類で、銃身・機関部は同じだが、一つは二輪式の台車にのせたもの、もう一種は三脚架をつけたものであった。

このマキシムを購入時、ちょうど台湾征討の事変が起き、その威力を試そうと、出動した近衛師団に配備して使用した。だが、当時兵士に対し、これら兵器の取り扱い教育が十分でなく、その効果を示すことができなかった。

マキシムの機構は、弾丸が発射される反動を利用して、銃身を少し後座させて、機関部を開閉する。また銃身の外部を水筒で包み、発射で生じる銃身の熱を放冷する水冷式であった。

台湾に出動した将校たちはマキシムの評価を「その機能よろしからず、銃の効果は見るべきものなかりき……」と報告している。優秀なマキシム機関銃であっても、初めて扱う機関銃にとまどってしまったというのが実状だったろう。

さらに陸軍は明治二十六年（一八九三年）十二月、四梃のマキシム機関銃を購入し、明治二十二年に制定した二十二年式村田連発銃と同一の八ミリ実包を使用できるよう改良を行ない、これをもとに東京砲兵工廠で約二〇〇梃のマキシム機関銃を製造し、日清戦争で使用した。

しかし、実戦の結果は、製造時の素材や操作方法、村田連発銃弾薬にも原因があったらしく、マキシム機関銃はしばしば作動不能などのトラブルを多発させてしまい、陸軍も困惑したという。

ホチキス機関銃

日清戦争でのマキシム機関銃の結果は、陸軍の関係者を失望させた。陸軍砲兵会議はあらためて他の機関銃を物色し、フランスのホチキス社製造のホチキス機関銃があることを知り、明治三十一年から模倣製作を開始したが、部品も多く、それの破損などに音を上げた陸軍は、ホチキス社と交渉し、明治三十四年、六・三五ミリの三十年式小銃実包を使用できる同型機関銃五梃の製作を依頼した。そして新たに銃身五〇梃分を発注、国内製造権をホチキス社から購入した。

そして翌年から砲兵工廠において製造を開始することになり、明治三十五年に「保式機関砲」として制式化した。これが日本製保式機関砲である。保式機関砲は明治三十七年に始まった日露戦争に投入され、戦場で使用したが、旅順要塞攻撃時には低地からロシア軍の守る山上の要塞保塁に対しては効果なく、かえってロシア軍の持つマキシム機関銃の威力に日本軍は大きな犠牲を強いられたのである。

日露戦争後、陸軍は東京砲兵工廠の南部少佐を主任として保式機関銃の不備な点を修正改

（上）防楯付きホチキス機関銃
（下）日露戦争中、満州の戦場で射撃テストを行なう同機関銃

良し、これを明治四十年に三八式機関銃と命名、制式採用した。当初、三八式機関銃は保式と同一な三脚架をもって、外観も保式とまったく同一の反動利用式機関銃であったが、その後脚も改良され、以後の日本機関銃の母体となった。これが日本の機関銃はホチキス系といわれるゆえんである。

ホチキス機関銃も最初輸入されたのは二種あり、一種はマキシム

コルトM1895機関銃のテスト射撃

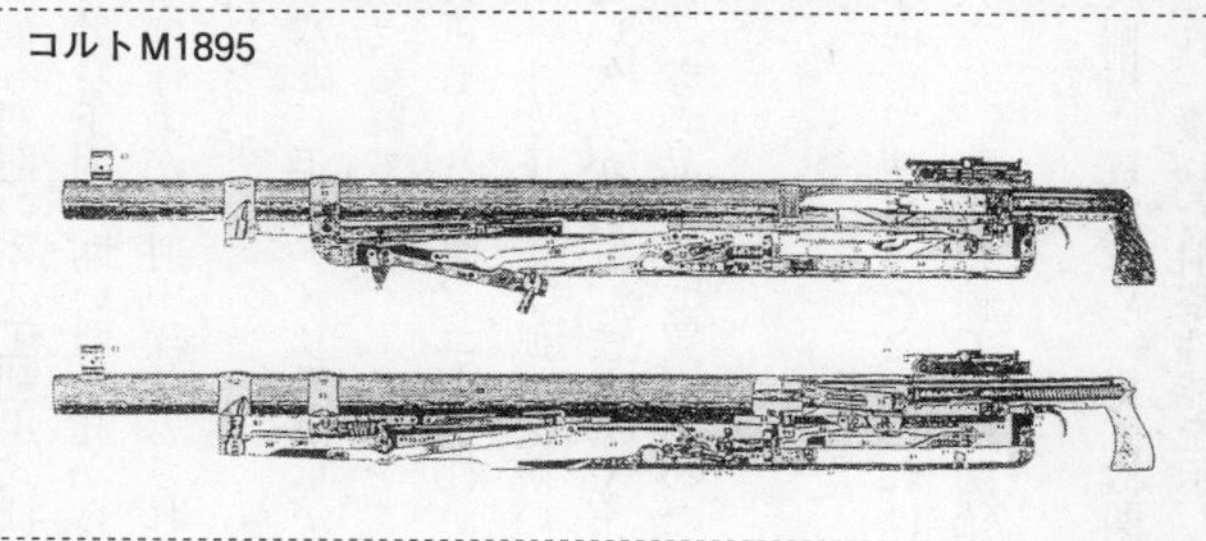
コルトM1895

銃と同様な二輪台車にのせ防楯を装したもので、台車基部には保弾鈑を入れる個所があり、支脚に腰かけて射撃できるようになっていた。もう一種は三脚付きの方式で防楯付きであったが、取りはずして携行することが可能であり、後には三脚付きが制規となった。機能的には両者とも変わるところはない。

コルトM1895

コルト機関銃M1895はジョン・M・ブロー

ニングによって設計されたアメリカで最も初期のガス圧利用式機関銃である。これの特色は、そのガス圧の利用法で、銃口部近くの銃身下面に開いた小孔から漏れる発射ガスによって、下方にレバー状ピストンを動かす。この作動が発射中繰り返されるところから、ポテトディガー（ジャガイモつぶし）の俗称がつけられている。

この機関銃はコルト社が生産し、一八九三年にアメリカ海軍がテストを行なって、一八九五年には五〇梃の注文がコルト社に発せられている。

日本でもこの機関銃に目をつけ、大正七〜八年頃、コルト社から買い求めて試験した結果、機関銃のニックネームどおり、作動レバーが下側で半孤をえがいてパタパタと作動し、伏射のような低い姿勢からの射撃はできない欠点があり、またやや実用性にも問題が出たため、結局日本での採用は見送られてしまい、参考品として買い求めたのみに終わってしまった。

海軍陸戦隊の機関銃

イギリスのビッカース機関銃も日本海軍で使用された。これは一九一二年に実用化し、英軍の制式兵器として第一次大戦に投入され、西部戦線では機関銃だけの中隊を作ってドイツ軍を悩ませた記録がある。

日本海軍はビッカース社から艦船装備用に買い求め、毘（ビ）式機関銃と名づけ主に艦船に積み、これも第一次大戦の青島攻撃に使用され、優れた射撃性能を示した。ビッカースは水冷式の

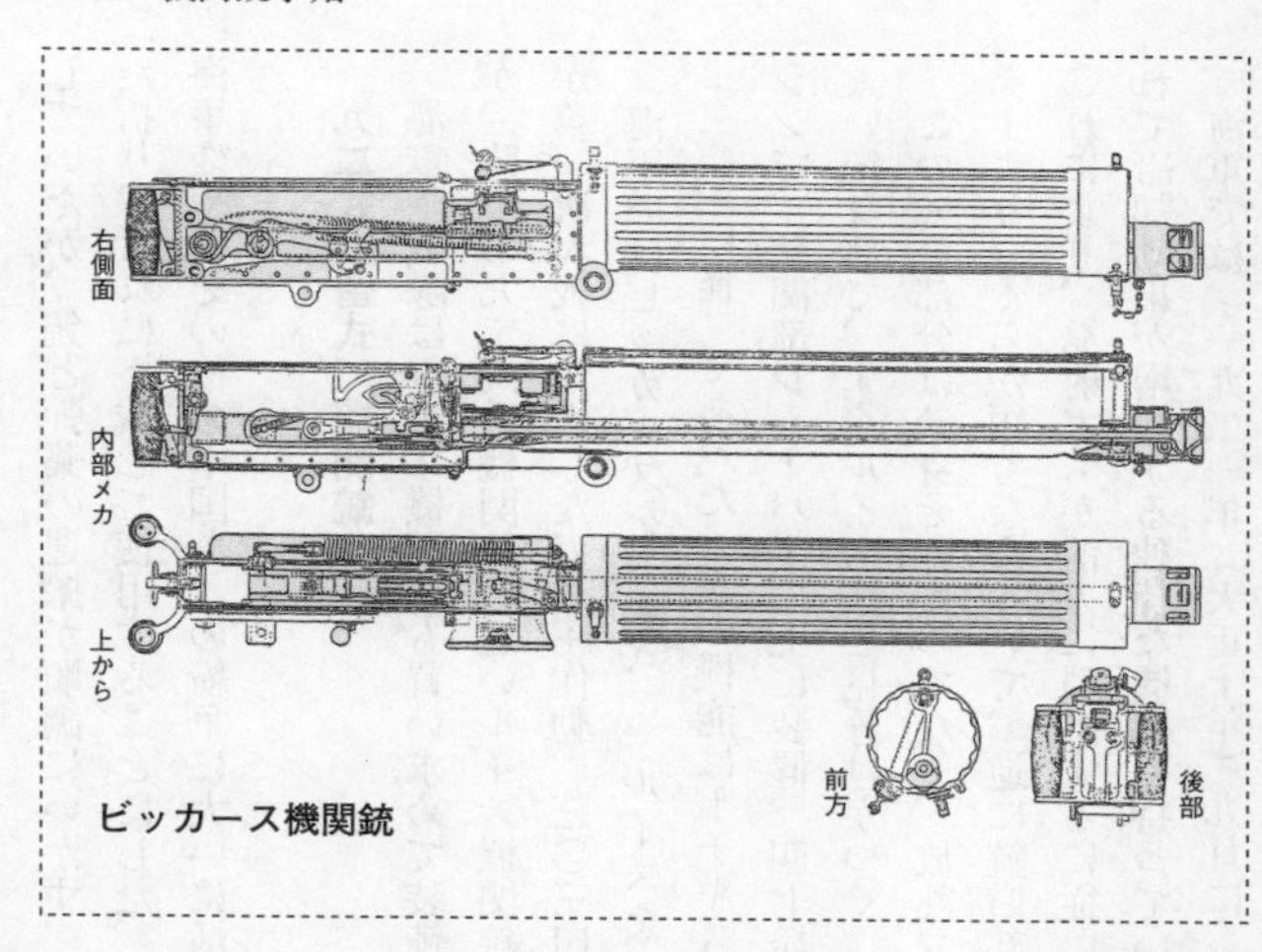

ビッカース機関銃

機関銃で、銃身には太い冷却被筒がつき、反動利用式ベルト給弾で非常に安定した射撃性能を示し、また長時間の使用にも十分耐えることが確認された。

その反面、複雑な設計で部品も多く、射撃時の銃身を、被筒内の四・三リットルの水で冷却しなければならず、長時間の発射ではすぐ蒸発してしまい、しかもその復水缶から出る白い蒸気は敵の目標ともなるという、不利な点も見られた。

日本海軍陸戦隊はこのビッカース機関銃を陸戦火器としても採用した。機関銃自体は軽く作られていたが、その三脚架は意外に重く、組み立てた状態で移動・運搬するには三人一組のチームが必要だった。

陸戦隊では、当初徒歩部隊に装備して、一梃につき弾薬を積んだトレーラー一台を配置していたが、銃と弾薬の運搬が順調にいかず、その後、ビッカース社から装甲車を買い求めた折り、これに搭載して使用することにした。このビッカース装甲車は、第一次、第二次上海事変や、その後の中国などの紛争に大いに活躍した。

九二式（留式）機関銃

海軍陸戦隊はルイス機関銃も買い求めて装備していた。名称は九二式機関銃と呼んでいたが、陸軍の九二式重機関銃と違いルイス機関銃をコピーしたもので、実質的にはイギリス軍が第一次大戦に使用したガス圧作動、三〇三口径のルイス機関銃と性能も同じものであった。海軍ではビッカースを「毘式」、ルイスを「留式」と呼んでおり口径は共に七・七ミリ（三〇三口径）であった。銃の機能はホチキスと似ているが、弾倉は平円盤のドラム・マガジンで、機関部レシーバーの上に装置、四七発入り。特徴はこの大きなドラム・マガジンと太い銃身部で、すぐルイス式と見分けがつく。

この太い部分は銃身そのものでなく、放熱フィンカバーであり、カバーは後端ではラジエターよりいくらか短くなっていて、逆に銃口部では、ヒレや銃口より先に筒がのびている。これにより、発射ガスが前方に噴出するに従い後方から新しい空気がラジエターに吸いこまれて冷却効果が増加する独特な機構を持っていた。

海軍では、一九二一年（大正十年）九月に〝留式機銃〟として採用され、地上用に使用す

九二式(ルイス式)機関銃

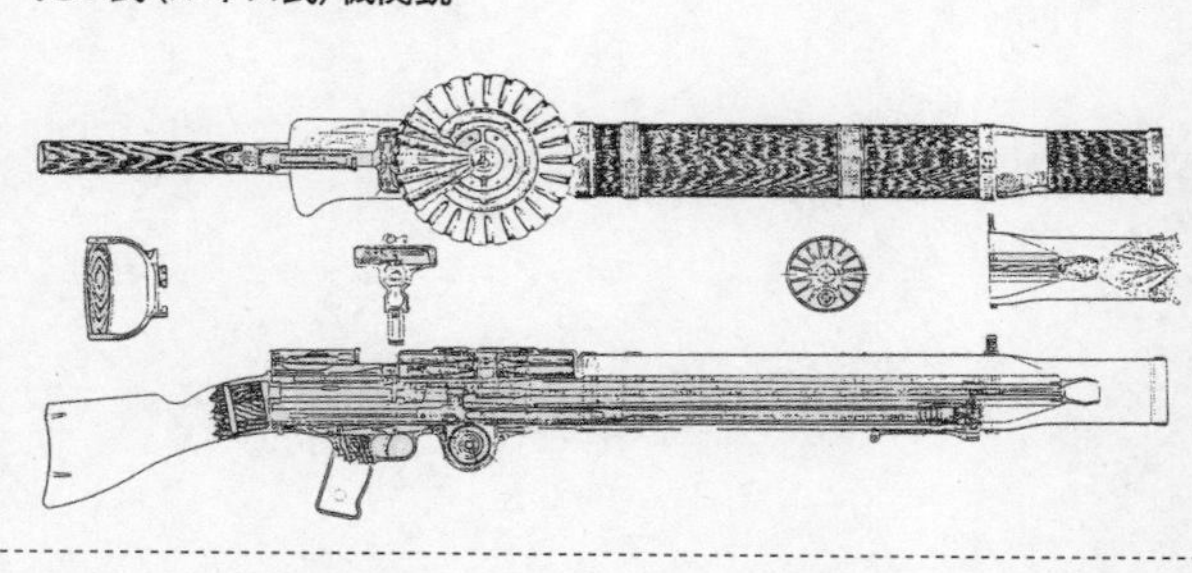

る一方、横須賀工廠や豊川工廠でも国産化し、改良して航空旋回機銃としても活用されている。

　陸戦でも、昭和七年、昭和十二年と第一次、第二次上海事変に投入され、中国軍相手にその威力を十分発揮して各国の注目をあびている。この戦争では中国軍もルイス機関銃を装備していたことから、両軍のルイス銃が火を吹いたことになる。

　また、次の太平洋戦争でも、対空機銃に改良され、南方の島々を守備する陸戦隊に装備され、米軍機に向けて火力を発揮した。

　その他、日本へ輸入され、また各戦場で捕獲された機関銃は、次の機関銃開発のデータを取るための参考資料となったり、または現地部隊の火器不足から、部隊装備品としてくわえられた。

　これらは中国戦線では中国軍のもつブローニング系、南方戦線では英軍や米軍装備の火器が多く捕獲され使用されていた。

重機関銃

●九二式にいたる日本重機関銃の知られざる変革

保式から三八式機関銃へ

はじめて戦場に投入された機関銃（マシンガン）の威力の前には、いかに強固な精神力をもつ軍隊といえども、なすすべはなく、これの登場によって戦争の戦術形態や推移も大きく変わって行くことになる。

古くはアメリカの南北戦争であり、また日本とロシアの日露戦争や第一次、第二次大戦の戦場では、このマシンガンの登場は味方にとっては救いの神であり、敵にとってはまさに殺戮の武器であった。

第一次大戦から第二次大戦にかけて、日本陸軍が装備した重機関銃はよく知られているところだが、その流れや、変革はいがいと知られていない。その中からいくつかをとり上げて紹介していこう。

わが国の機関銃発達の歴史は、幕末に長岡藩にガトリング・ガンが装備されたことにはじまる。その後、明治期に入って、明治二十三年にマキシム機関銃を二門購入し、いろいろテストする一方、同二十六年に四門を追加注文した。

このマキシム機関銃は口径一一ミリの村田連発銃と同一の実包を使用できるもので、これを参考に東京砲兵工廠で約二〇〇梃のマキシム機関銃を製作し、これを日清戦争に使用させた。

ところが、日本製マキシムは、戦地で故障が続発し、重量もあるため十分な威力を発揮することができなかった。

明治二十九年、陸軍はフランスのホチキス機関銃を試験的に購入してテストし、国産化をめざしたが、これにも失敗したため、その口径を三十年式小銃とおなじ六・五ミリにするようフランスに発注し、完成ののち「保（ホ）式機関銃」として制式採用した。

日露戦争がはじまると、保式機関銃やマキシム機関銃は、騎兵部隊に装備されて実戦に投入されたが、実戦使用では両機関銃とも送弾不良、薬莢切れなどのトラブルが発生、また機関銃の運用も、騎兵のひく車輪つきの台車からの射撃では、思うように効果を上げることはできなかった。

その反面、ロシア軍の装備するマキシム機関銃によって手痛い打撃をうけ、日露戦争後は南部麒次郎大佐の手でこれらの欠点を改良し、三八式機関銃として制式化された。その主な

三八式機関銃

ホチキス機関銃を改良した三八式機関銃

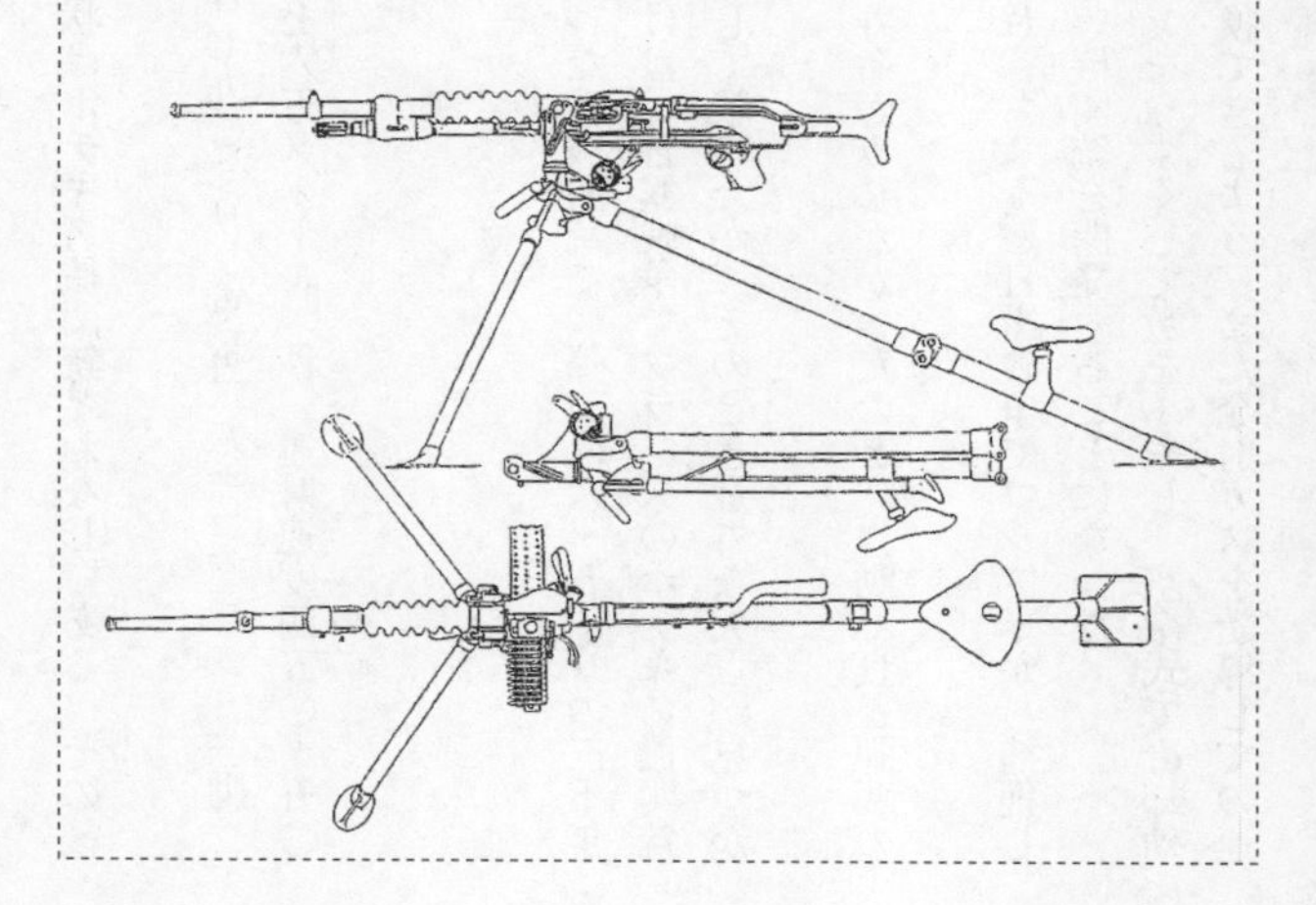

改良点は機関銃内部の機構であり、基本的な形状はホチキス機関銃とおなじである。その後、三八式機関銃は日本の機関銃の母体となった。

口径六・五ミリ、全長一四四八ミリ、銃身長七九〇ミリ、重量二八キログラム、三脚二三・五キログラム、装弾数保弾板三〇発、初速七六五メートル/秒、連射速度四五〇～五〇〇発/分。

シベリアが初陣の三年式機関銃

三年式機関銃は大正三年に、陸軍の制式となった重機関銃で、弾薬は六・五ミリの三十年式実包を使用する。これの開発となったきっかけは、日露戦争でフランスのホチキス機関銃とそれを国産化した三八式機関銃を戦場に投入して戦ったが、そのとき意外な欠点が見つかったことである。

それは射撃時の銃身放熱が十分でなく、銃身寿命がみじかかったのと、作動不良と弾薬の不適性が指摘されて、その改修がのぞまれた。

日露戦争後、南部麒次郎大佐に改良が依頼され、ちょうど日露戦争でロシア軍から捕獲したマドセン機関銃のすぐれた点を参考に、新しい機関銃を開発することになった。

新機関銃は三八式機関銃を母体に、放熱フィンをうすくして数をふやし、空冷式で冷却効果をよくし、射撃で熱くなった銃身はらくに交換できるよう、また発射ガスを誘導しての連

（上）三年式重機関銃の訓練。（下）輜重車を台に高射姿勢をとる同機関銃の射手

続作動方式もすぐれたものだった。

さらに薬室内の薬莢の焼けつきを防ぐため、送弾される弾丸に塗油するオイル入れと、ブラシが給弾装置にくわえられている。射撃時の銃の保持には、三八式や保式のように片手で銃をささえ、もう一方の片手で引金をひくより、両手でグリップをにぎって射撃・操

作するので三八式よりもはるかに安定性があり、命中率もよくなった。

三年式重機関銃の初陣は、大正七年にはじまったシベリア出兵時で、この極寒の戦いが実戦の最初であった。これには量産可能となった三年式重機関銃が相当数おくりこまれ、シベリアという極寒の地方でも十分にその機能をはっきし、海外にも日本の重火器の優秀さをしめしたのである。

三年式重機関銃の三脚架は、開発当初、平射用の頑丈な三脚架をつけ、平射と対空が一緒にできる、支柱が「くの字」に曲がったものを採用していた。その後、特別大演習などに参加して、高射・平射の使いわけができるものとして重宝がられたが、この支柱が意外と重く、運搬には三名が必要だった。

平射用はとくに移動性が重視されるため、新たに新器材をとりつけることとし、高射用は航空機に対しての射撃なので平射用よりは移動性が少ないため、また対空射撃してもぐらつかない、がっちりした三脚架を開発、銃にはべつに対空用のリング型照準具をとりつけることになる。

この対空三脚架は主に対空用機関銃隊に装備されていたが、満州事変に投入され、移動性が低いことが欠点となり、後には平射用の三脚架の支柱だけを交換して通常の機関銃隊も、高射と平射を支柱と照準具を交換するだけでできるようになった。

三年式重機関銃のデータは次のとおり。

満州事変時、サイドカーに装備した三年式重機関銃

口径六・五ミリ、全長一一二〇ミリ、銃身長七三七ミリ、重量二五・六キログラム、装弾数保弾板三〇発、作動方式ガス利用空冷式、初速七三六メートル／秒、連射速度五〇〇発／分。

側車搭載三年式重機関銃

昭和六年に満州事変が勃発し、陸軍はこれに戦車や装甲車を出動させたが、その一方で、海外の例にならってサイドカーの側車に重機関銃をのせ、数両の群れとして威力偵察に用い、あるいはその速さを利用して先行し、戦いの拠点を占領することのできるよう、サイドカーに三年式重機をのせてみた。しかし、当時まだ側車の上部は軟弱で、とても重機の重さにたえきれず、しかたなく側車の上部を取りはずし、側車のシャシーに乗せて運ぶよう改造した。

このアイデアは久留米の戦車隊から出されて実

用化され、満州事変時のゲリラ討伐に利用された。また病人をはこぶ患者自動車がねらわれることがあり、これにも重機搭載サイドカーが護衛につくことになった。

しかし、満州では路面がわるいところが多く、この武装サイドカーも時おり通過困難な場合もあったが、一応の戦術的な効果はあったようだ。

この重機搭載サイドカーは、当時アメリカより輸入していたハーレー・ダビッドソンやインデアンを利用して改造していた。ただし、いずれも車上からの射撃は少しむりがあり、実際には車からおろして使用した。

ピカ一の九二式重機関銃

陸軍の代表的な重機関銃として知られる九二式重機関銃は、昭和七年に制式採用になり、中国戦線、太平洋戦争と戦い、歩兵部隊の「虎の子」重機として、その優秀さをみとめられていた。

九二式の構造機能は、ほぼ三年式重機関銃とおなじものだが、これの開発のきっかけとなったのは、さきの三年式が三八式小銃とおなじ六・五ミリの実包を使用するため、その威力不足が用兵側から指摘されたためであった。

そのころ、海外の軍用火器の趨勢は七・六二ミリ、七・七ミリ、八ミリなど、インチになおすと口径三〇クラスの弾薬が主流になっているのに対し、日本は六・五ミリと小口径のた

（上）九二式重機関銃の列線。（下）中国大陸で実戦射撃中の同機関銃

め、その威力不足が問題となっていた。

　このような情勢にもとづいて、日本でも機関銃の威力を大きくすることがもとめられ、三年式重機関銃を母体に各部分の改修案が出され、新しく設計したのが、九二式重機関銃である。

　九二式の特徴は、口径を六・五ミリから七・七ミリにかえただけでなく、撃発装置の改修で、これまでの引鉄式が、指でおせば発射できる押し鉄式となり、極寒時でも手袋をつけて射撃できること、さらに握把は尾筒の下方へ折りたたみ式とするなど、野戦における射撃操作をいちだんと向上させた。

照準器も三年式では、谷型照門を採用していたのに対し、九二式では穴照門となったため照準も確実性をまし、表尺も繰出式となったことがあげられる。

そして弾薬は徹甲弾、焼夷弾、曳光弾も使用でき、銃口には消炎器を取りつけ、夜間における銃口炎を減少させるなど、用兵側の操作性を十分に満足させる重機関銃となった。

九二式重機には、照準眼鏡がべつにあり、照準具は銃に装着し、間接照準や直接照準を便利にするとともに、中・遠距離の射撃精度を良好にした。これには九三式照準眼鏡、九四式照準眼鏡、九六式照準眼鏡の三種がある。

このうち九三式と九四式照準眼鏡は、潜望鏡型で五倍の倍率をもっており、九三式は細長い筒状で全長二一・五センチ、接眼部はその中間にあった。九四式は山型の傾斜をもった全長二二・五センで接眼部は尾筒より下方にあり、射手は安定した低位置から照準できた。

九六式眼鏡は四倍の倍率をもち、銃の尾筒上部に直接装着でき、高低は一～五〇ミリまでの調整が可能だった。

口径七・七ミリ、全長一一五六ミリ、銃身長七二一ミリ、重量二七・六キログラム（銃のみ）、三脚二七・五キログラム、装弾数保弾板三〇発、初速七三一メートル／秒、連射速度四五〇発／分。

九五式機関銃車

日本軍装備の重機で、あまり知られていないのが、九五式機関銃車である。これは九二式重機関銃に移動性をあたえるため、輓馬二頭でひく前車と後車からなる二輪台車に乗せたもので、対空射撃もしくは地上戦闘に参加できるようにしたものである。

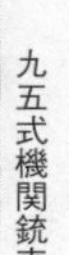

九五式機関銃車

本車は、馬をあつかう砲兵輓馬や、輜重兵の輜重駄馬部隊を守るため編成された、駄馬編成の機関銃隊の装備する兵器として開発されたもので、前車には弾薬装具を積み、後車には固定式の銃架と操作性のある九二式重機関銃を取りつけ、銃手は後車にある座席にすわったまま対空射撃を行なうことができた。

この九五式機関銃車のアイデアは、第

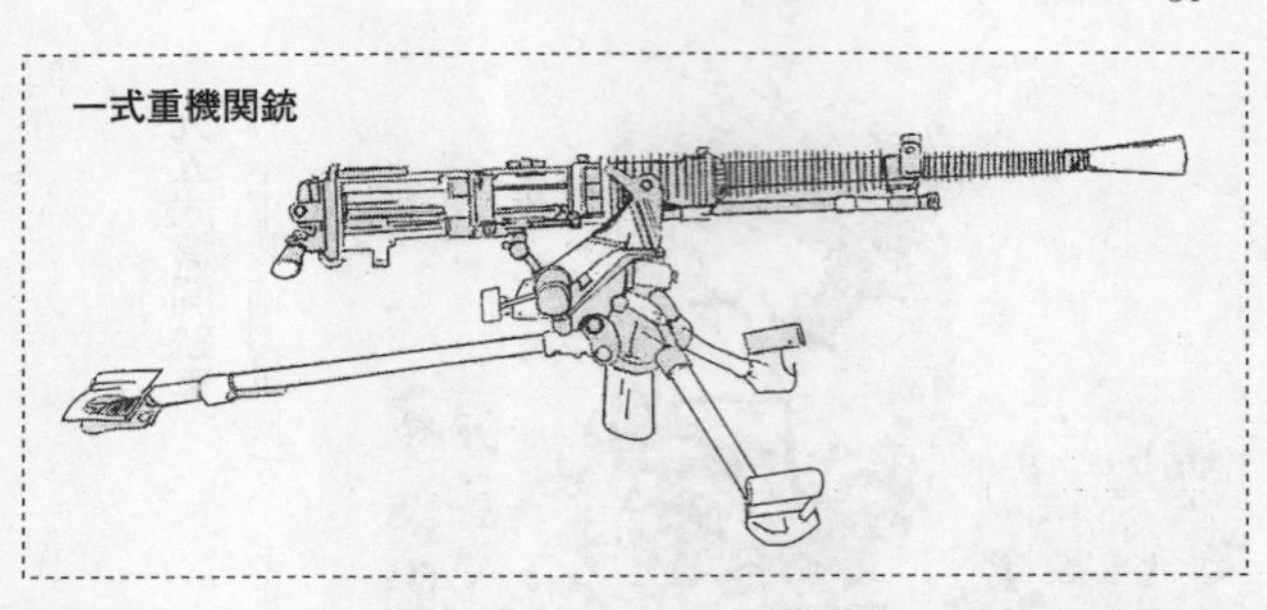
一式重機関銃

一次大戦当時ドイツ軍が、騎兵集団の中にこの種の高射機関銃隊を編成したのがはじまりで、騎兵の捜索活動の掩護や輜重部隊の護衛、または敵の追撃をうけたさいなどに、後方掩護のために作られたものである。

わが国でもそれを参考に、九五式機関銃車を製作、これを装備する騎兵隊を編成したが、初期の中国戦線ではいくらか効果があったものの、実際には中国の悪路のため安定した射撃地帯に設置できないことと、二輪のため命中精度を得るのにむずかしく、また車上にあるため、中国軍の狙撃目標になりやすいなどの理由から、このユニークな機関銃車もうまく使うことができず、後にはおくら入りとなり、太平洋戦争には兵器として登場しなかった。

一式重機関銃

この重機関銃は戦場の拠点使用から移動使用を、という重機関銃の用兵や用法上の変化に対応して開発されたもので、とくに軽量化と移動性能を重視し、九九式実包に合わせた構造をもつ重機関銃である。

昭和十四年に制式化された九九式小銃実包は、同口径ながらリムレス薬莢の弱装弾を使用しているため、セミリムドの七・七ミリ九二式実包を使用する九二式重機には合わなかった。

そこで陸軍は九九式実包を使える小銃、軽機、重機を統一して補給面を解決するため、九二式重機を母体に開発をはじめ、昭和十六年に制式になったのが一式重機関銃であった。

重機は二人の兵士で移動・操作の容易なための軽量化、九九式実包にかえるための構造面からすすめられた。一式重機の主な改良点は、九九式実包のみを使用するようにし、九二式より全長が約七・六二センチみじかく、重さも約三・三キログラム軽くなり、銃身交換もかんたんにできるようになった。

銃の軽量化にともない銃架も、ソリ状の軽量銃架も作られたが、各部の反対にあって不採用となり、結局、九二式重機の銃架をそのまま使用することになった。こうして制式となった一式重機も、生産は大戦末期まで続けられたが、部隊配備されるまでにはいたらなかった。

口径七・七ミリ、全長一〇七七ミリ、銃身長五八九ミリ、重量三一・五キログラム、弾薬九九式実包、初速七三二メートル／秒、発射速度五五〇発／分。

軽機関銃

●十一年式にいたるまでの創意工夫をこらした開発経緯

国産軽機関銃のモデル

わが国の開発した軽機関銃が、戦争において大きな役割を得たことはよく知られていることである。とくに十一年式軽機関銃は、特異な形状と給弾システムを持つ機関銃として、海外の本にも掲載されているほどである。十一年式軽機関銃にいたるまでのいきさつを取り上げてみたい。

明治三十七～三十八年の日露戦争が終わりに近づいた頃、砲兵工廠から三八式機関銃を戦場に送る宰領（監督）として小銃製造所員の上村良助大尉が戦地におもむいた。大尉はその帰途、わが騎兵旅団が遼陽付近の戦いで鹵獲したレキサー軽機関銃を手に入れて持ち帰った。これはロシア軍の騎兵が試験的に携行したものということだった。

当時工廠に勤務していた南部麒次郎大尉が、この時軽機関銃を見たのは初めてであった。

一見してこのような軽便な機関銃は将来の必須兵器になるに違いないと思ったという。

陸軍省でもこの銃に興味を持ち、ただちに外国に注文したということである。そして南部大尉もただちに軽機関銃の研究に着手した。

日本陸軍における軽機関銃開発のきっかけとなったレキサー軽機関銃は、どのようなものだったか述べてみよう。

この銃はデンマークで作ったものであり、一八八〇年代（日本では明治十三年頃にあたる）、デンマーク軍砲兵大尉Ｗ・Ｏ・Ｈマドセンは、デンマーク王立造兵研究所のラスムッセン技師と協同で、反動利用式の機関銃を完成させた。この機関銃が高名なマドセン機関銃で、一九〇二年から一九五〇年の半世紀に多種多様な型式の機関銃を製作した。

マドセン機関銃は別名をレキサー機関銃、またはシューボ機関銃ともいい、一八九六年にマドセン自動銃Ｍ１８９６を生産、デンマーク軍用に作られたが、陸軍のテストの結果、単価や強度に問題があり、少数を採用したに止まった。

マドセン機関銃はその後改良されて機関部を強化し、全自動射撃可能な軽機関銃となり、一九〇二年頃に市場公開され、それから海外へ輸出されたのである。そのためロシア、イギリス、ポルトガル、イタリア、オランダなど三四ヵ国の制式兵器となり、一二種類の異なった口径弾薬のものがあった。

こうしたいきさつから、マドセン軽機関銃は日露戦争でロシア軍の騎兵によって初めて戦場に現われ、その軽便さは各国の観戦武官たちに強い印象をあたえたという。

マドセン軽機関銃の形状は機関部が太く、湾曲した弾倉を上部から装塡する形式で、グリップはやや後方に伸び、下に引金がついている。銃身をカバーする被筒には楕円形の孔があり、これで発射時の放熱を行なう。機関部が太いため、一見して武骨な感じを与えるが性能は良く、二脚付きである。

日本陸軍は軽機関銃の研究のため、デンマークから新たにマドセン軽機関銃を求めると同時に、海外から軽機のサンプルを求めた。その一つとして、アメリカからは日本の銃砲店を通してコルトM1895機関銃を買い求めた。これはただちに陸軍審査部に納入され、軽機関銃開発の参考とした。

コルトM1895は、ベルギーのジョン・M・ブローニングによって設計されたアメリカ初期のガス圧作動式の機関銃で、特徴はガス圧を利用して銃口に近い銃身に開いた小孔から出る発射ガスによって下部レバー状ピストンを動かすというメカニズムを持っており、これで連続発射が可能となっていた。

しかし欠点もあり、これは交換できない銃身であって銃の冷却効果が充分でなく、約五〇〇発ほど連射すると熱した銃身のため、薬室内の弾薬が発火するなどの不備な点も持ち合わせており、給弾方式はベルト給弾で、これは日本にはなじみのないものだった。

海外から求めた機関銃のサンプルはほかにもあったが、当時はまだ完全なものは少なく、日本の軍部を満足させるものはなかった。

こうしたことから、陸軍は軽機関銃をわが国独自のものとして開発する計画を立てて、これに取り組むことになった。明治四十年末のことである。

機関銃の軽量化をめざす

南部麒次郎大尉はただちに軽機関銃の研究とその製作に着手した。最初はホチキス機関銃に日露戦争後改良を施した三八式機関銃の型を取り、大体これを小型化した軽機関銃を製作した。

この機関銃は名称を甲号、乙号軽機関銃と呼ばれ、その機能は三八式機関銃と同じものであった。口径も六・五ミリで小銃弾がそのまま使用できた。

明治四十一年一月、試製軽機関銃のテスト銃が数梃完成したので、東京砲兵工廠での機能試験に続いて、千葉の下志津原で担当官の立ち合いのもとで射撃テストが行なわれた。

銃の機能性や命中率、速射、耐久性などの試験では三八式機関銃を基としているために同様な機能を見せていたが、一月から六月にかけて行なわれた実弾射撃テストでは、乙号軽機関銃の連続急射撃による機能耐久性がやや不備な点があり、また第二号銃では二〇〇発前後の発射で薬莢の抽出切れや不発が目立つようになり、最後には連続射撃はできなくなった。

次に六月頃に実施された射撃機能テストでも、甲号は第五号銃が二八発、第六号銃が五〇発射ったあと発射が不能に陥り、さらに乙号第二号銃では四回の突っ込みが見られ、後の射撃時には良好にこれが復旧するという射撃性能を示した。

基本とした三八式機関銃はホチキス系で銃そのものも重く、安定した射撃性能を持っていたのに対し、機構はそのまま軽量小型化したためか、いくつかの射撃トラブルが発生してしまったのであろう。機関銃は重量があれば、安定した射撃性能を得られるものである。

三八式軽機関銃はやや不備なテスト結果となったため、大正三年に三年式機関銃（当時の名称）が完成したのにともない、南部大尉はこれを小型軽量化した軽機関銃を製作した。これは前者と同じように甲号、乙号、丙号試製軽量機関銃と呼ばれ、まず南部大尉や工廠による機能テストが行なわれ、この試験の結果、好成績を得たので工廠より陸軍省に提出された。大正四年、陸軍省はこの軽機関銃の試験を陸軍技術審査部に命じ、ここで実用試験を行なうことになる。このテストでは機能的には良好で、五〇〇発前後の発射では、口径六・五ミリの銃身内部が少し拡大しているものの、射撃性能は良く、命中精度にも問題はなく標的に命中弾も確認された。

だが、続けて一万発ほど発射すると、銃身内は熱のためふくらんで拡大し、初速が急速に低下、試験射撃中機関の一部が破損してしまうなどトラブルが発生してしまったため、テストはそのまま中止となってしまった。この時の試製軽量機関銃の重量は、約二一キロであった。

この頃は陸軍でもあまり軽機関銃というものに関心を持った者はいなかったのである。また外国でも研究は進んでいたものの、実戦で使用するほどでもなかった。

独自のホッパー式弾倉

この大正三年から六年にかけて、ヨーロッパでは第一次大戦が勃発し、日本もイギリスとの協定からドイツに宣戦布告し、ドイツの極東基地である中国の青島に兵を送って戦うことになった。これには三年式機関銃を歩兵や騎兵に採用して戦闘を行なった。

第一次大戦のヨーロッパでは、戦局の膠着から互いに塹壕戦が多くなり、ドイツや連合軍でも機関銃が活躍し、飛行機にも機関銃を積んで空中戦を展開するようになった。

このような状況を知るにつけ、陸軍はあらためて軽機関銃の重要性を認識し、ただちに軽機関銃の再開を望むようになる。

大正七年、陸軍は技術審査部に命じて、新たに軽機関銃の研究として〝有筒式軽機関銃〟を試作した。銃の機関部は三年式機関銃と同じ構造にし、発射時の放熱装置にアメリカのルイス機関銃の様式を取り入れてある。

すなわち銃身を包むように太い筒がおおってあり、これは銃身と並行して集束した銅鈑製の放熱筒で銃口前まで先しぼりにカバーされていて、その構造は射撃により銃口付近の空気は薄くなると同時に、銃尾方向から冷空気を吸収して筒に取りつけた放熱鈑を冷却するよう

（上）有筒式軽機関銃。（下）無筒式軽機関銃

にしたもので、そのため太い筒を持った形状となったのである。

この銃には小銃と同様な床尾がついており、発射は床尾の肩付け射撃とし、弾薬の給弾は保弾板が装備されていた。しかし保弾板を利用するには射撃時に二人必要なることから陸軍では軽機関銃の射撃操作は一人で行なうのが良いと判断し、この有筒式軽機関銃はさらに研究が必要とした。

この大正七年にはもう一種の軽機関銃が製作されている。これは無筒式軽機関銃といい、三年式機関銃を小型軽量化したもので、大正四年頃製作したものをさらに重量を約九キロにおさえたものである。しかしこの無筒軽機銃も給弾には三年式機関銃と同様に保弾板を使うことから、やはり有筒式機関銃と操作性は同じとしてこれも採用にならなかった。

大正八年になって、陸軍はこれまでの陸軍技術審査部を発展改編することになり、充実させた陸軍技術本部を新たに発足した。だが、従来の軽機関銃に対する研究開発はそのまま続けられ、三年式機関銃をより軽量化して、重量約八キロの無筒式軽機関銃を開発した。だがこの軽機関銃も大正七年に試製したものとそう変化なく、また機能性も同様だった。しかし、形状は前の三年式機関銃を模したものでなく、後の十一年式軽機関銃となるイメージを持ち、前方に保護板をつけた二脚をつけ、銃身部分はこまかい放熱状となり、肩あて銃床であった。それでも給弾方式は保弾板を利用するため、陸軍の採用にはならなかった。

この無筒式軽機関銃は、後に他の兵器と共に商社を通して中国に売却され、日華事変では日本軍がこれを捕獲して日本に持ち帰るという運命をたどっている。

大正九年になって、甲号軽機関銃が開発された。これは陸軍技術本部が試作したもので、機関部は三年式機関銃の構造を取り入れ、放熱装置は前の有筒式と同じくアメリカのルイス機関銃の様式を採用した有筒型で、放熱方式も形状もそう変わるところはない。

しかし、肩付け銃床としたものの引金部はピストルグリップとなっており、もっとも特徴的なのはルイス銃と同じ回転弾倉を尾筒上部に装着した点にある。これにより従来の保弾板形式がなくなり、ビッカース機関銃のように回転弾倉から給弾することになった。

次の大正十年には、乙号軽機関銃として後の十一年式軽機関銃の原型ともいえる軽機関銃を開発、この性能試験では機能、射撃その耐久性とも優秀とされたが、槓桿部分が尾筒の右についているためその改修をせまられ、これを修正したのが大正十一年に十一年式軽機関銃として制式に採用されることになる。

十一年式軽機関銃を開発した南部麒次郎大尉の苦心したのは、弾倉と給弾システムであった。

この方式は他に例を見ない独創的なもので、銃の機関部左側に、ホッパー型の弾倉をつけ、これに五発入挿弾子のまま六個積み重ねて入れると、弾倉の底に遊底と連動したツメがあり、このツメが一回遊底の往復ごとに弾を一発ずつかき出して銃の薬室に装填する。そのため連続して射撃ができ、しかも射撃中でもスキを見て弾薬の補充ができるという画期的なものであった。しかし後ではこの方式がトラブルの基となったのである。

実戦に不向きな手押し式

三年式機関銃は十一年式軽機関銃が制定されたにともない、重機関銃という名称になったが、重量があるため移動には馬に銃駄をつけて銃架を分解、これによって行動をしたが、小移動や陣地変換などには、銃架の前に二本後部にU字型の托架をつけないと兵員搬送はできなかった。

これを戦場でも楽に移動できるように考えられたのが「機関銃手車」である。これは大正十五年九月に陸軍歩兵学校で研究された一案であったが、一見便利とされ、その研究が進められた。しかし、これは緊急性がないという意見もあり、一時この研究は中止された。

昭和二年、中国に紛争が発生し、山東出兵から〝済南事件〟へと発展した。

この状況から、中止されていた歩兵学校の機関銃手車の件も研究が再開されることになる。機関銃手車とは、銃架の前にスポーク型の車をつけ、後方の托架を両手で押して移動を行なうというものであり、当初大型の車輪がつけられていたが、この車輪部分がいろいろと研究され、大型のものから自転車のスポーク式の車輪など各種のタイプが製作された。

だが、はじめは便利なように見えた手車も、演習などで使用してみると、弾薬箱をのせる部分がなく、陣地変換では不便さが目につき、これを改修するため車輪部分を小型化し、その間に弾薬箱を装備できるように改良され、その改修も一三回におよんだのである。

また、この手車を利用し、大正期に試製軽機関銃として製作した軽量小型化した三年式重機関銃を手車と組み合わせ「軽機関銃」としたのを昭和五年の陸軍大演習に参加し好評を受けた。

軽量のため、この軽機関銃に装着すると陣地変換など楽に行なうことができ、さらにこれは鉄条網などに配置して陣地防御にも利用可能だったのである。

（上）三年式機関銃を小型化した手車付き軽機関銃
（下）中国戦線で使用された手車式九二式重機関銃

一方、三年式重機関銃につけた手車は、戦地では利用価値が広いと見て、満州事変の時に採用した部隊もあったが、やはり戦場での移動や弾の飛び交う地域での陣地変換には不向きで移動運搬がわずらわしく、またスポーク式の車輪を改修して鋼板の手車としたものが日華事変時に使用されている。

これは九二式重機関銃に装着したもので、銃架の高さを低くおさえて少移動を良くしたもので、東北の第八師団が装備していた。

機関銃手車は戦場移動を目的として開発された歩兵学校自慢のものだったが、実際には戦地での利用度は低く、その多くは内地での演習に使われ、前輪にロープをつけて引いている写真がみうけられる。

南部製機関銃

●日本の銃器開発に貢献した南部麒次郎の傑作機関銃

南部麒次郎は、明治二十五年、陸軍砲兵少尉になり、山砲兵第三大隊第二中隊の隊付を命じられていたが、明治二十七年、東京の砲兵学校に入校し、その勉学の途中、ちょうど勃発した日清戦争にも山砲兵将校として従軍した。日清戦争が終了した後は再び砲工学校に入校し、翌二十八年に卒業して、熊本の本隊へ帰隊したが、わずか半年あまりでこんどは東京砲兵工廠へ転任となった。明治三十年八月頃である。

麒次郎はもともと技術官衙（かんが）である砲兵工廠を希望したわけではなかったが、彼の転任となったきっかけは隊付時代に「室内射撃盤」や「間接射撃法」などを考案し、それを評価されたものであろうと思われる。そして砲兵工廠の小銃製造所に配属されたが、当時三十年式小銃の生産が開始されたばかりで工廠も大拡張の時代であった。

この三十年式小銃は製造されるに従い各部隊へ支給されたが、使用の結果、いろいろと不都合なことが発見された。これに対応し工廠では、南部麒次郎を中心に改良策をさだめ、また銃の修理班を編成して各部隊を回り、改良と修理にあたった。

三十年式小銃の主な修正点は、薬莢の焼け付き、抽筒子の破損、尾筒上面に噴気孔の設置、銃床の破損に支鉄を取りつけることなど小銃の構造全般にわたっている。

明治三十七年、南部麒次郎は少佐に昇進し小銃製造所長を拝命、時あたかも日露戦争の最中だった。

繋駕式機関銃

機関銃の開発については、当初日本はまだ研究中の段階で、製造設備どころか工廠内でも誰も経験がなかったのである。

しかし、ロシア軍は多数の機関銃を装備していることがわかったので、それに対応する機関銃の開発が急務とされ、しかも野戦ですぐ使えるようなものでなければならない。当時日本では、明治二十三年にマキシム機関銃二梃を参考のため購入し、また村田連発銃の実包を使用できるマキシム機関銃を四梃発注し、そのコピーを日本で製造したことになっている。

この日本製マキシム機関銃の性能はあまり良好とはいえず、十分な性能を発揮できるとは思えなかった。そこで陸軍はマキシムにかわる機関銃を物色した結果、フランスでホチキス機関銃が発明されたことを知り、明治二十九年に購入して試験を行なったところ、結果が良好なため、その口径を三十年式小銃と同じ六・五ミリに修正することを条件にフランスに発注し、多数を購入した。

このホチキス機関銃およびマキシム機関銃は、日本軍の装備としてただちに大陸へ送られ、主に騎兵部隊に装備してロシア軍と戦闘をくりひろげた。

ちょうどこの頃、工廠へ至急機関銃製作の話がもちこまれた。これが騎兵用の繋駕式機関銃である。南部麒次郎はいろいろ検討をかさねた結果、逆櫓式（いわゆる逆向き）の機関銃車を開発することを決定した。

これは繋駕中でも後方および側方に射撃ができる設計で、主な目的は万一退却する場合でも、機関銃は最後尾に位置し、追撃してくる敵に対して、後退しつつ猛射を浴びせ、敵の意表に出て戦機を一転させ、これにより友軍の退却を容易にしようという考えであった。

繋駕式機関銃の銃架は、野砲のように前車と銃車によりなっていて、銃車には銃をのせ、その架尾に後退の時のため後ろ向きに射手の褥座を設置し、また車軸の上部で銃の側方に弾薬装塡手の褥座を設けた。装塡手はこの座にあって、後方すなわち銃口の方に向って銃に弾薬を装塡することができる。

この本体の銃について南部麒次郎の伝記ではなにもしるしてないが、銃車に銃を載せることができるのはマキシム機関銃であり、ホチキスの場合は全長が長く銃車に設置するにしてもバランスがとれないのではないかと思われる。

さて、繋駕式機関銃も完成し実験することになったため、砲兵射撃学校から馬と馭者を借りて行なわれた。馬をゆるい早足で進ませ、後ろ向きに射撃を開始することで行進を始めると急に車輪の動きがはげしくなり、銃の射弾は急に角度をかえて見学者の方へと向かった。あわてて中止し原因をさぐると、初めてきく機関銃の発射音に馬が動転したものとわかった。

結局、苦心のすえに開発した繋駕式機関銃も、日露戦争では戦場へ送られることはなかった。

三年式重機関銃

機関銃の真価は、日露戦争によって大々的に世界に紹介された。それまで機関銃についての認識は浅く、わが国の研究も非常におくれていた。

この日露戦争時の遼陽付近の戦場でロシア軍の装備していたレキサー（マドセン）機関銃を捕獲したので、これを砲兵工廠に送ってきた。マドセン機関銃は軽量で機構も簡単であり、また一人の兵士でも携行可能であるところに注目し、以後わが国の軽機関銃開発に大いに参考になったものである。

日露戦争時、日本はホチキス機関銃を使用していたが、戦争終了後これを改良した三八式

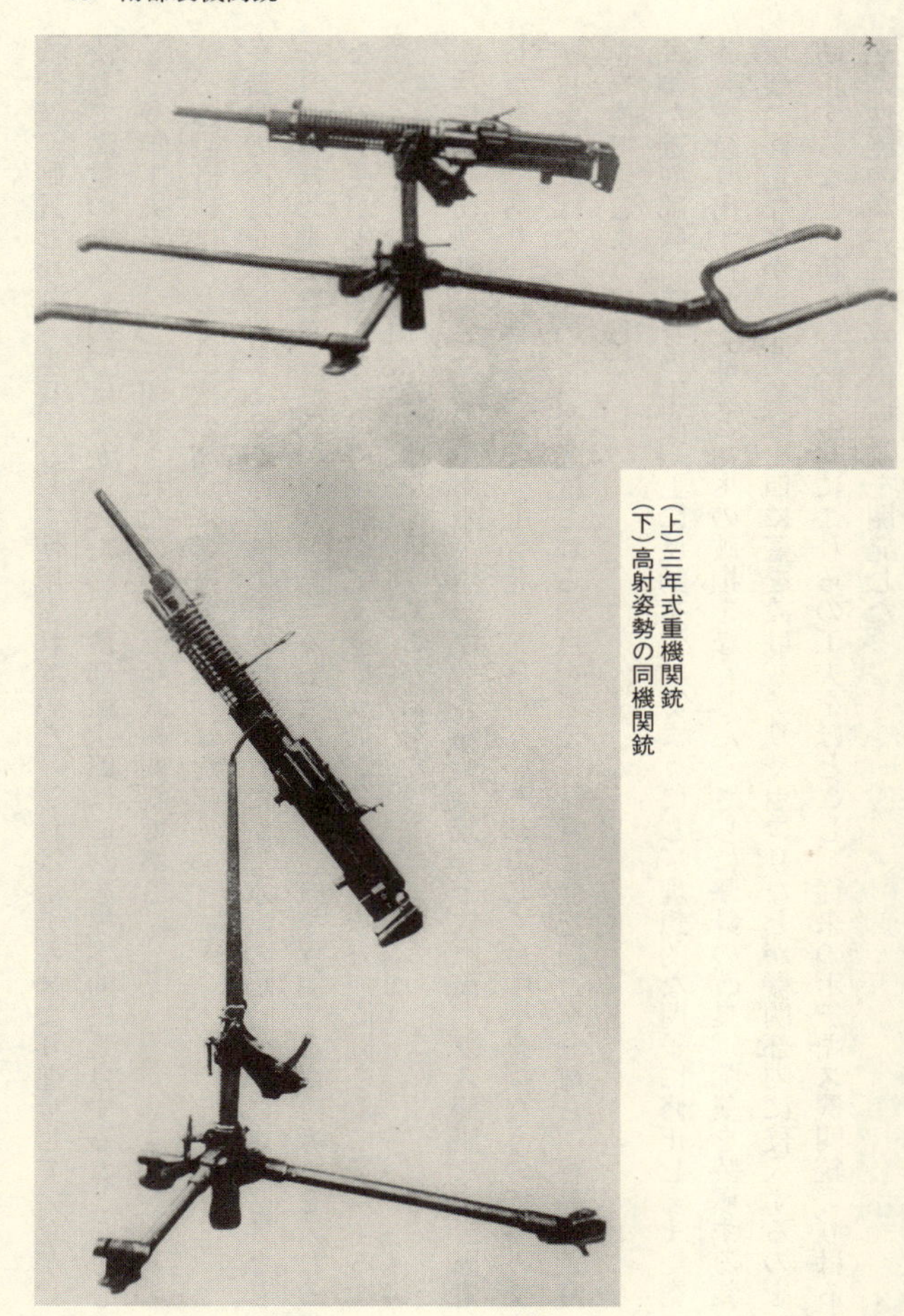

（上）三年式重機関銃
（下）高射姿勢の同機関銃

機関銃が制式となり、歩兵用として使用されていた。これはホチキスより進歩していたが、決して満足のいくものではなかったため、南部麒次郎はこれを根本的に改良することを決心し、多年工夫をこらして開発されたのが、三年式機関銃である。

その設計には、とくに次の諸点に考慮をはらわれた。

銃身の冷却を水冷にするか空冷にするかが検討されたが、水冷の場合つねに水を必要とし、それも極寒の地では銃身筒内の水が凍結するおそれがあり、銃を保温するか不凍液を入れるなどの不便が生じる。さらに連続射撃によって蒸気が発散し、味方の位置を敵に暴露するなどの不利があり、そのため空冷を採用することにした。

次に銃身交換性にしたことである。ホチキスの場合は銃身と放熱筒、ガス筒座などを固定したものであり、銃身は一万発以上も発射すると、いちじるしく命中率を損なうので時々交換しなければならない。三年式はこれらの点を考え、銃身と放熱筒とを分離し、容易に銃身を交換できるようにした。

また遊底部は、銃身の中心線上に反動を受けるようにし、理想的な閂子(せんし)に修正し、また空薬莢を蹴り出す抽筒子部分とバネの破損をなくした。さらに撃針の改良、弾薬を装塡する装塡架の修正などから、薬莢蹴出口に蓋を設け、チリやホコリなどが機関部内に侵入するのを防止するなど、新しい設計の基にこれらの工夫をほどこし、従来のホチキス機関銃よりはるかに性能の高い三年式重機関銃を開発した。

通常の地域での射撃では問題がないが、比較的高位置にある目標への射撃は銃架を操作してそれに合わせなくてはならない。日本が購入して使用したホチキス機関銃の三脚架も銃に高低を与えるためには、立射の姿勢をとらなければならなかった。このためには数人の力を必要とし、近接戦闘などはいちじるしい困難がともなった。

南部麒次郎はこの点に注目し、伏射姿勢のまま射手一人で銃を上下できる方法を銃架に取り入れ、これを三年式重機関銃の銃架とした。元来銃架の設計は銃本体の設計よりも難かしいものであり、銃の安定した射撃性能をそこなう場合があり、銃のバランスや射撃時の安定感、多数射撃時の銃架のガタつき、銃と架との釣り合いなどいくつかの問題があった。南部は銃架を製作、決定するまでいろいろと工夫をこらして作ったが、できあがったもののあまり気に入ったものではないと記述している。

三年式重機関銃の銃架は、三脚式でドッシリした安定感があり、大陸での戦場機動でも破損することなく、十分その性能を発揮できたという。

十一年式軽機関銃

日露戦争でロシア軍から捕獲したレキサー（マドセン）軽機関銃が砲兵工廠に提出された。これはロシア騎兵が試験のため戦場に携行したものであった。一見してこのような軽機関銃は、将来の必須兵器になると陸軍も判断し、さっそく軽機関銃の研究に着手した。

当初、ホチキス式を改良した三八式機関銃の型をとり、これを小型化した軽機関銃を製作した。次いで前述の三年式機関銃が完成したので、さらに三年式に準じた軽機関銃を試作し、いろいろと試験して好結果をおさめた。

陸軍省はこの試験を技術審査部に命じて行なわせたが、試験中機関の一部が破損したためそのまま中止の形となった。当時技術本部では、まだ軽機関銃に深い関心をもっていなかったようである。軽機関銃の最大の問題は銃に弾薬をどのように補給するかにあり、三年式のように保弾板か、レキサー銃のように扇型の箱弾倉を使うことになると、戦闘時に弾薬の補充も容易なことでなかった。

この給弾問題を抱えていた時、国司大佐から「軽機関銃は重機関銃と違って、主に敵に接近して使用します。重機のような保弾板でなく、もっと弾を簡単に装填する方法が望ましい。ドイツではバラ弾を使う機関銃を研究していると聞いてます」というヒントを与えられた。これをもとに銃の一側に匡を設け、中に挿弾子（そうだんし）に五発入れた歩兵用の弾をそのまま装填し、これを銃の自動運動により発射することが可能になるように考えられた。

この設計を進めて製作・試験してみると、良好な給弾作動が行なわれ、ここに十一年式軽機関銃は完成し、陸軍に制式採用となったのである。

当初、送弾機能に多少の不備があったが、改良修正され、当時世界でも例のないホッパー型給弾方式を持った軽機関銃が登場することになる。

十一年式軽機関銃と弾薬箱

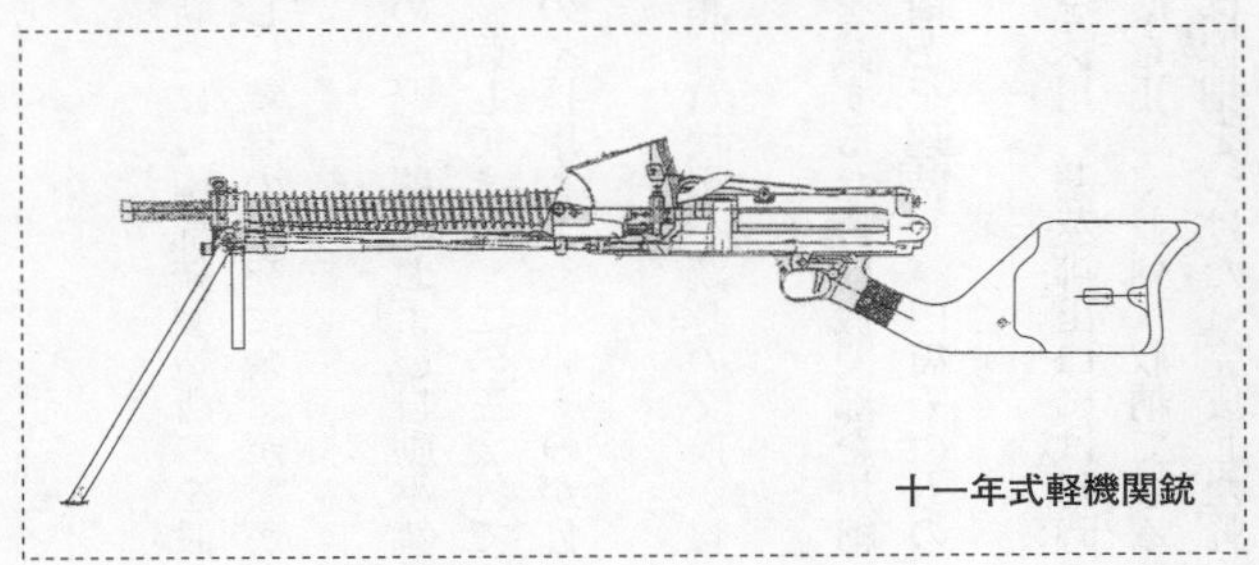
十一年式軽機関銃

九六式軽機関銃・九九式軽機関銃

南部麒次郎は工学博士、陸軍中将となり、大正末に退官し、新たに〝南部銃製造所〟を設立、所長となった。主に軽機関銃や教練銃の製作にあたり、新しい銃器の研究に余念がなかった。

昭和十二年、陸軍技術本部は、民間兵器工業の発展を図るため、軽機関銃および自動小銃の設計製作を南部銃製造所、東京瓦斯電気工業、日本特殊鋼に依頼してきた。この三会社で試作させ陸軍造兵廠で比較研究を行ない、その中から最良のものを採用しようというのが目的であった。

新軽機関銃について指示された事項は、重量一〇キロ内外、箱弾倉使用、銃身の交換が容易なこと、銃の保持と携行が楽にできることの四点であった。

この要求に応じて南部銃製造所の設計は、できるかぎり重量を減ずるために機関部を短縮する方法を工夫した結果、特殊で簡単な閂子をもって円筒と尾筒とを連結し、円筒そのものを極度に短縮することができた。

さらに各部品の断面面積を小さくし、撃茎（げきけい）もとくに短いものを採用、薬莢排出口には瞬時に開閉できる特殊なふたをもうけ、弾倉は扇形として内部の弾薬を正しく並列に収納できるようにした。また銃身の交換や銃の携帯に便利なように銃身には握把（あくは）をつけた。完成した軽

九六式軽機関銃

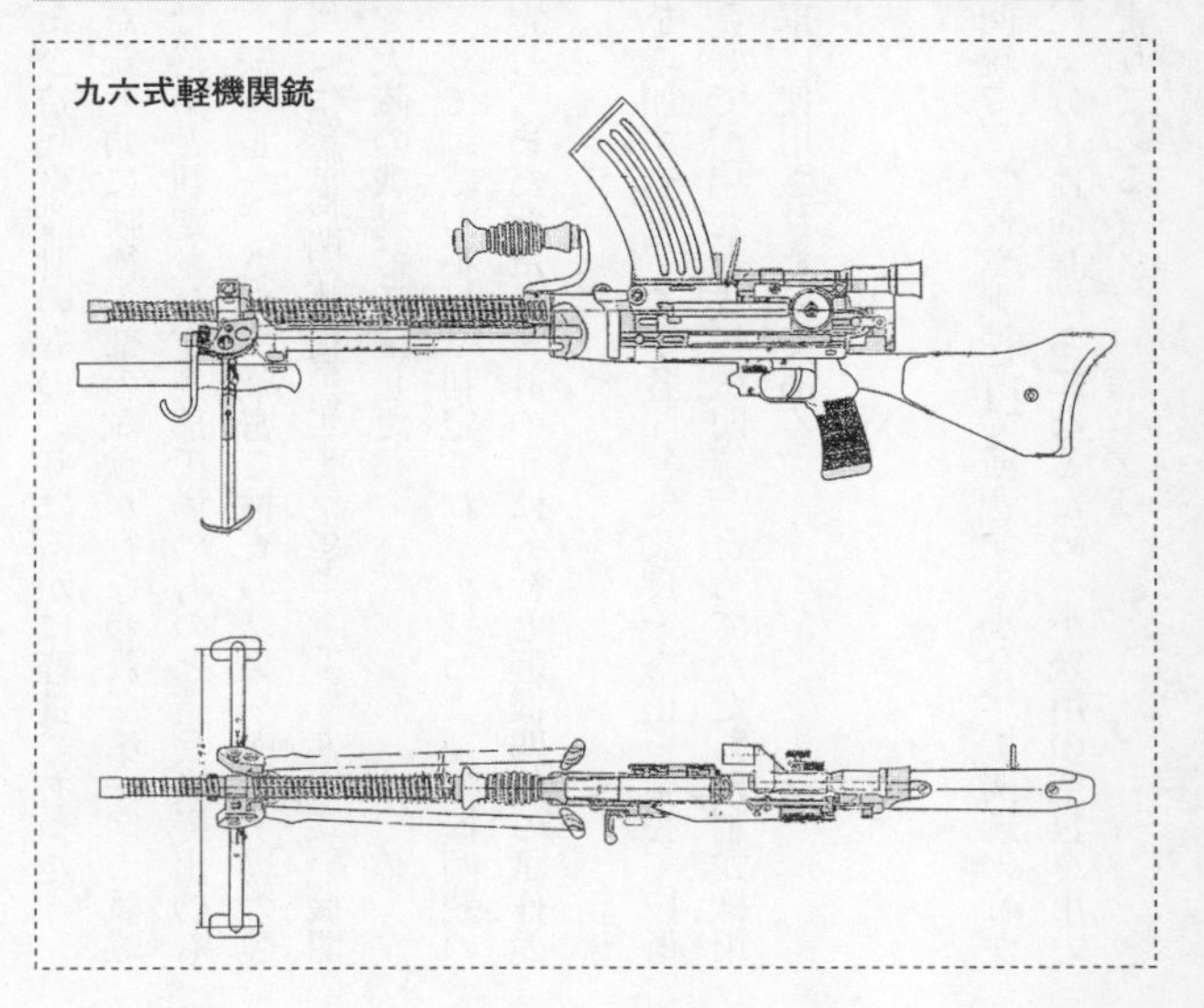

機関銃は重量八・〇五キロで、他社および造兵廠設計のものよりはるかに軽量であった。

かくして、前記の各社より提出された銃と共に技術本部の試験が行なわれ、第一回の試験で瓦斯電気と日本特殊鋼が提出したのは落第と判定され、南部工場のものと造兵廠提出のものは各部に若干の修正を加えつつ試験を続行した。さらに厳密な検査の結果、南部工場の製品が採用されることになったのである。この軽機関銃は皇紀年号をとって「九六式軽機関銃」と名づけられ、陸軍の制式銃として大陸の戦場で活躍した。

昭和十四年に従来の小銃口径六・五ミリでは威力不足と判定され、小銃および軽機関銃の実包を口径七・七ミリにすることに決定し、また新たな設計の元に各社と軽機関銃の試作競作を行なうことになった。

南部工場ではさっそく九六式の抗力を増加すべく、若干各部分に改良・修正を施して技術本部に提出したところ、試験の結果は良好で、「九九式軽機関銃」としてただちに制式採用となり、これが太平洋戦争末期まで全軍に使用されたのである。

南部式空包機関銃

これは小銃用空包を使用する空包機関銃で、学校や訓練所で演習する場合、機関銃の音がないとどうしても強烈な臨場感がでず、気分も停滞しがちになるため、小銃用の空包を用いて使用する軽機関銃を製作したのが始まりである。

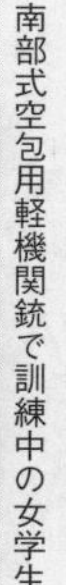
南部式空包用軽機関銃で訓練中の女学生

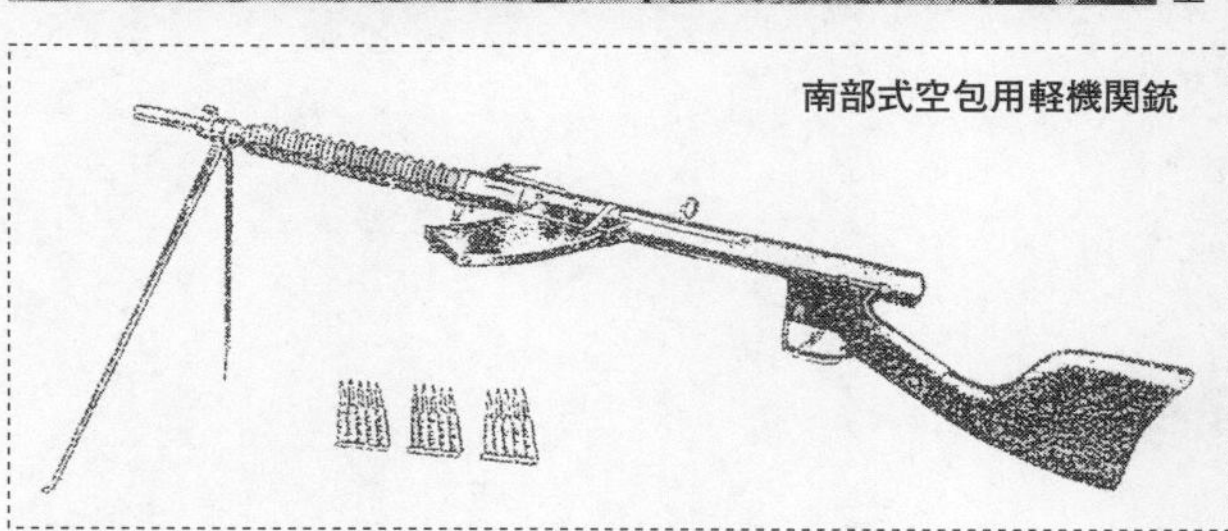
南部式空包用軽機関銃

銃の構造は非常に簡単であり、従って価格も低く、その上取り扱いは便利で、操作上の教育はほとんど不要であるなど南部工場快心の作であった。

本来は、青年学校や訓練所用として設計したのであったが、陸海軍でもこれを仮想敵演習用に、また機関銃の代用としても使用された。

これは少しでも実戦用の機関銃の寿命を長くする目的で大いに称賛され、また各部門でも広く使用された。

八九式旋回機関銃

●航空発展とともに各種飛行機の「守り神」となった名銃

陸軍航空のはじまり

わが国の飛行機の発達は、フランス・ファルマンから明治四十三年（一九一〇年）に購入した「アンリー・ファルマン一九一〇型機」より始まっている。同年十二月十九日、東京代々木練兵場において、陸軍大尉・徳川好敏操縦のもとに高度七〇メートル、滞空時間約四分、距離三キロの記録をもってわが国最初の飛行に成功したのが画期的な出来事であった。

さらに明治四十四年六月九日、同大尉操縦の下にわが国最初の野外飛行、所沢から川越間、距離四二キロ、所要時間三五分、高度四五〇メートルに成功し、国民の目は空へ向けられた。

大正三年（一九一四年）、ヨーロッパのサラエボでオーストリア・ハンガリー帝国の皇太子夫妻が暗殺された。それをきっかけにヨーロッパ諸国は二つに分かれて第一次大戦に突入し、ドイツ側とフランス同盟軍とに分かれて戦うことになる。戦争の勃発を受け、当時日本はイギリスとの同盟を結んでいたため、この同盟に従ってドイツに宣戦布告を行なった。この頃、中国の青島にはドイツ軍の極東基地があったため、日本はここを攻撃して基地の活動を無力化することになった。そして、陸海軍のもとに青島派遣軍を編成して青島に向かった。

陸軍は青島攻撃の主力部隊・独立第十八師団の隷下に青島派遣臨時航空隊を編入して出撃させることになった。臨時航空隊の隊長は有川鷹一中佐で、航空隊の飛行機はモーリス・ファルマン式MF・7が三機、ニューポールNG2型単葉機一機、パーセルバール式係留気球一基、兵員は一一一名、内、操縦将校八名、偵察将校三名であった。

青島での航空隊活動は主に偵察であったが、敵のドイツ軍機が偵察機のルンプラー・タウベ一機のみのため日本の航空兵力は圧倒的に優勢であった。しかし敵機の飛行速度と上昇力は日本軍のモーリス・ファルマン式MF・7より優れており、また機関銃を武装として搭載し、空中射撃が可能であった。

これに対応するため、日本軍はニューポールNG2型単葉機に地上軍が使用している機関銃を載せて、モーリス・ファルマン機の偵察を掩護するように配置した。

大正三年十月上旬、日独戦の初となる空中戦が展開されたものの、その航空機関銃の命中率は低いものであった。ニューポール機には地上用の機関銃をそのまま搭載していたが、偵察機のファルマン機にも機銃をのせていた。

ニューポールNG2型単葉機

モーリス・ファルマン機に装備した機関銃と薬莢受け

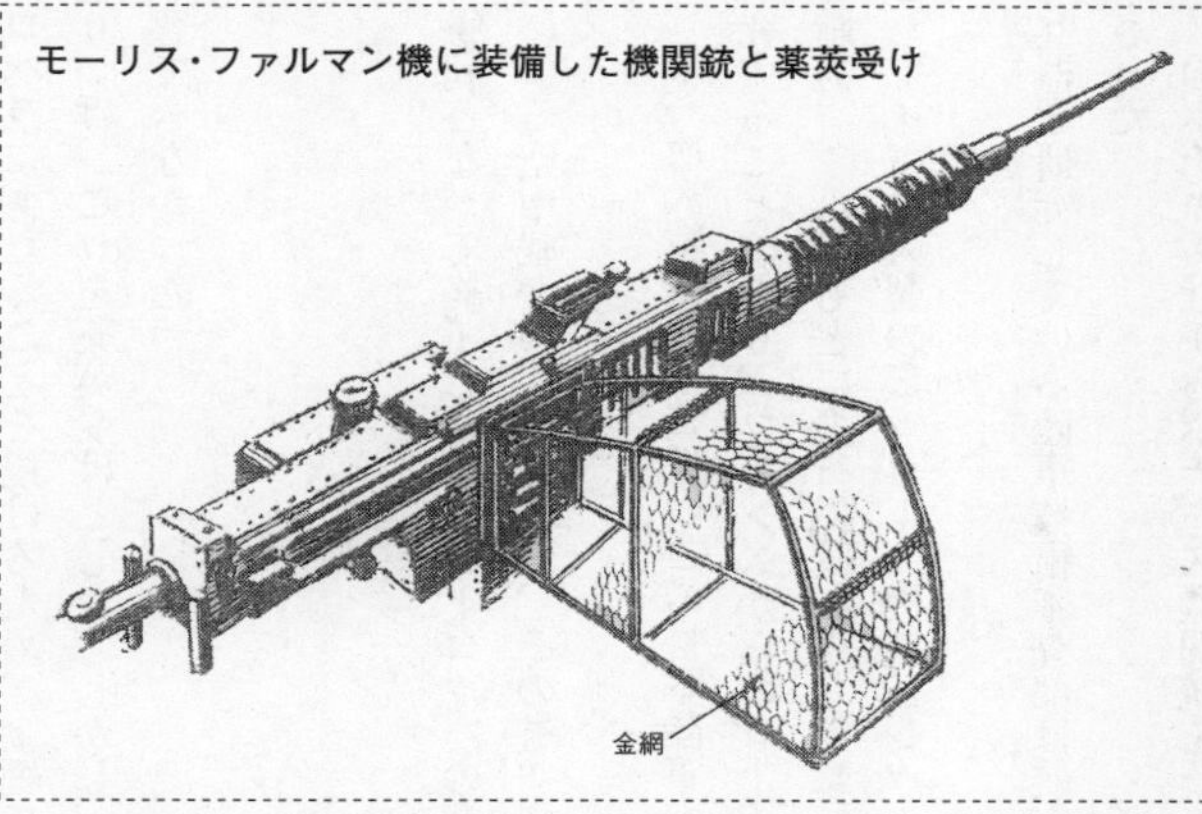

戦前の航空雑誌「航空朝日」に陸軍中将徳川好敏が寄稿した「青島戦のころ」という記事があり、それによれば、

「この頃はまだプロペラ間から射撃することなどできなかったので、操縦席の上に支柱を立てて、そこに歩兵用の機関銃を固定した。後方に発動機があるファルマン機では操縦者は前にいるため、射手は軽機関銃を腕に抱えて射撃することになった。

さらに射撃時に空薬莢がプロペラにあたることを避けるため、金網で作った高さ一七センチ、幅一二センチの箱を銃に取りつけ、これを薬莢受けとした。しかし、銃には半折れにした一五発の保弾板を三連しか収容できなかった」

と記されている。

進められた独自開発

青島の攻略戦は日本軍の勝利となって終了したが、ヨーロッパの戦線ではドイツ、フランス、イギリスなどの飛行機による空中戦が多く展開され、その航空機銃と空中射撃技術が急速に発達した。

大正六年（一九一七年）、第一次大戦も終末に近いころ日本陸軍も飛行機の発達と共に将来に向けて航空機関銃を研究することになり、フランスからニューポール24C一型戦闘機とスパッド7C一型戦闘機を購入、これをもとに飛行操縦技術と射撃技術を研究することになった。この両機には武装としてイギリス製のビッカース機銃とレヴィス機銃が搭載されていたからである。

そしてこれらを参考に、兵器を研究している陸軍技術審査部は航空機関銃を独自に開発するよう陸軍上層部から指示された。

陸軍は日露戦争時フランスのホチキス社からホチキス機関銃を買い求めて戦場で使用した。

日露戦争終了後の明治四十年、戦場で使用した体験をもとにホチキス機関銃を改修することになり、当時砲兵少佐であった南部麒次郎にその命が下った。

　南部少佐はこれを受け、いくつか不備な点を改良、特に大陸の砂ぼこりなどで給弾がスムーズでなかったのを重視して薬莢に塗油することを考え、また安全装置を修正して日本人向きに操作を楽にしたことなどが挙げられる。

　こうして改良されたホチキス機関銃（保式）は明治四十年六月、「三八式機関銃」として制式採用された。この三八式機関銃はその後大正三年の青島攻略戦および大正七年のシベリア出兵などで実戦を経験したが、改良されたとはいえ形状そのものはホチキス機関銃と変わらず、また銃身の命数にもとぼしさが発見され、いっそここで新しい機関銃をという意見から、大正初期から別に研究していた試製機関銃を取り上げて三八式機関銃と比較テストを行なった。

　その結果は歩兵学校や騎兵学校で試験したところ、試製機関銃の性能や機関銃として多発の射撃にも充分耐えることがわかり、三年式重機関銃として制式化することになった。

　三年式重機関銃の特色はホチキス式のガス利用機構の長所を取り入れ、引金操作も片手で銃を支えることでなく、両手で握って射撃する方式で発射速度は三八式機関銃とほぼ同じだが、重量があるため射撃中の安定度は良好だった。

　陸軍は三年式重機関銃の優秀さを見て、これを航空用として転用できるのではないかと考え、陸軍技術審査部に命じ航空機搭載の機関銃を独自開発させたのである。

これは陸上用の三年式重機関銃をもとに、航空機装備を考慮して、軽量化を進め射撃精度を良くするため、銃身を長く延ばし、機関部中間に丸い照準環を取りつけ、より敵機をとらえやすくした。機関部左側には鼓胴式と呼ばれるやや丸型の弾倉、右側には空薬莢を収容する箱型のマガジンが設置される。

青島戦で応急的に使用した機関銃には、陸上の機関銃と同様の金属鈑の保弾子を用いていたため、飛行中の風圧により保弾子が屈曲する上、また挿入操作も不便であった。こうした弾倉交換の便利性も考慮し、鼓胴式弾倉を備えた航空機関銃が完成したのである。

鼓胴式機関銃と同時期に開発されたのが、回転式弾倉を備えた航空機関銃である。同機関銃も三年式重機関銃を基本に製作された。その異なるところは、機関部にイギリスで使用されたルイス式のような回転弾倉をのせ、その給弾システムにビッカース式を採用したものである。ビッカース社もルイス式のような円盤弾倉のものを開発し、海軍でもこれをテストしていたので、陸軍でも同様の円盤弾倉をとり入れたものであろう。

機関部上の弾倉前には丸い照準環、銃身先端には照星がつけられ、これを通して目標に照準する方法を採用した。

また空中戦では敵機と相対しても銃撃するのはお互いに一瞬のことであり、地上戦のように銃身が長時間の射撃によって過熱することがなく、空冷によって冷されているため三年式

偵察機上の鼓胴式弾倉旋回機関銃

重機関銃の放熱装置は無用でこれは廃止した。

　この三年式機関銃を母体とした両航空機銃は、陸軍の歩兵学校や航空関係者などが射撃テストした結果、鼓胴式は順調な射撃精度を上げげたが、回転弾倉式は射撃精度が低く、効果が認められなかった。こうした結果、回転式は陸軍航空の採用にはならなかったが、実際には回転式円盤弾倉の給弾システムがあまりスムーズではなかったことであろう。

　大正七年より鼓胴式航空機関銃は量産に移され、各陸軍航空部隊に配備されて主に偵察機の武装として採用された。この鼓胴式弾倉を持つ航空機銃は昭和六年に勃発した満州事変に出動した偵察機の主装備となって大陸の空を飛び回ったのである。

　大正末期から昭和初期にかけて陸軍の航空部隊に配備されていた航空機関銃は主に海外から買い求めたものが圧倒的に多く、当時陸軍の調査でも、新ビッカース式九二梃、旧ビッカース式三二梃、国産の試製機関銃（鼓胴式）二五梃の計一四九梃であった。
量産体制に入ったものの、航空機の発達が急速に進み航空機銃を配備するにはまだまだ数が不足していたものである。

故障の少ない兵器

●八九式固定機関銃

昭和二年（一九二七年）、陸軍の航空機関銃不足を解決するため、航空本部長は陸軍大臣にこれを具申し、イギリスのビッカース社と交渉し同社の航空機関銃の購入と、その国産化を行なうことを決定、その交渉は陸軍造兵廠小銃製造所の吉田智準（とものり）少佐がこれにあたることになった。

ビッカース社との打ち合わせは順調に進み、陸軍はその許可を得て、ビッカースE型七・七ミリ航空機関銃を日本で国産化することになり、昭和四年（一九二九年）十月に「八九式固定機関銃」として制式採用された。

ビッカース式機関銃は、大正時代に日本が輸入したニューポール24戦闘機にもともと搭載されており、その後同機が甲式三型戦闘機として採用されたのにともない、同銃も陸軍制式航空機関銃として認められていたものである。

陸軍航空の主力機関銃に採用ときまり、名古屋の陸軍造兵廠千種製造所は、昭和八年四月

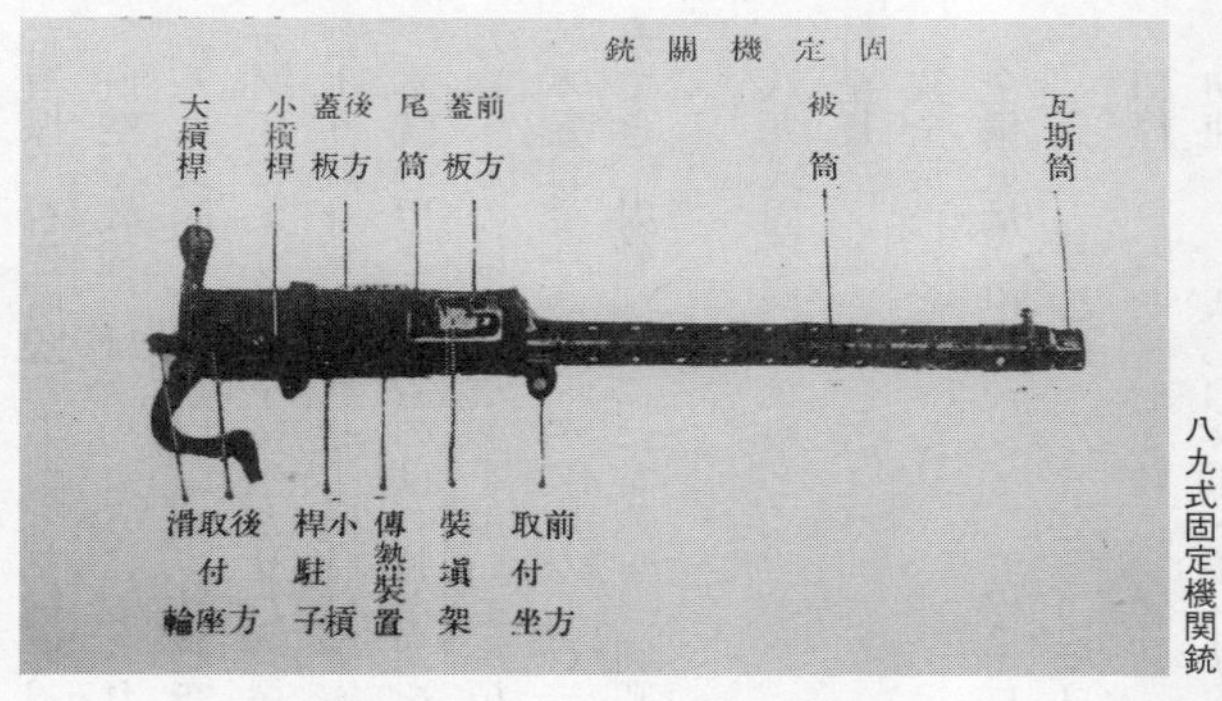

八九式固定機関銃

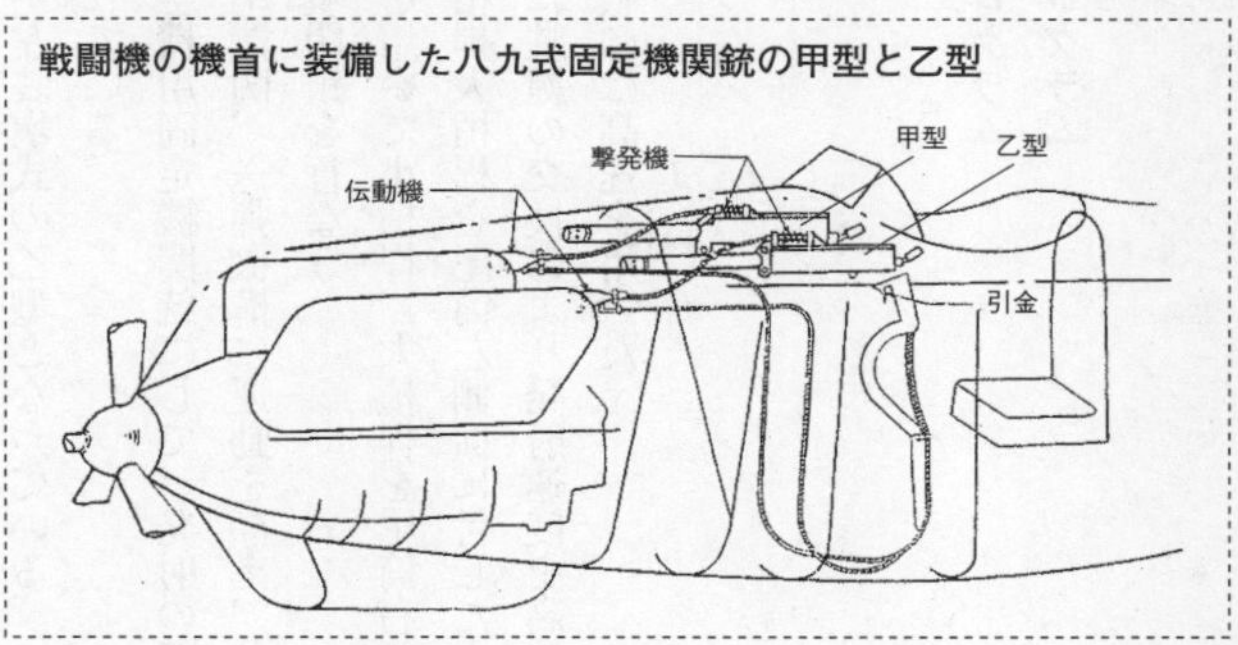

戦闘機の機首に装備した八九式固定機関銃の甲型と乙型

よりビッカース社の協力のもと、八九式固定機関銃の製造が開始された。そして昭和十五年末までに二八二一梃を量産した。

原型のビッカース式七・七ミリ航空用E型機関銃は、ベルト給弾の方向を簡単に左右逆に変更できない構造であった。これをそのまま国産化した八九式固定機関銃もビッカースE型と同様のため、甲と乙の二種あり航空機の機首に装備するには、右槓桿、右装塡式の甲型と左槓桿、左装塡式の乙型となっている。

航空学教程には次のように記されている。

「八九式固定機関銃甲（乙）は航空機用固定機関銃にして、発射の際に生ずる反動ならびにガス圧により銃身を後坐させた銃尾機関、送弾機構に運動を与え、さらに復坐バネの弾発力により銃身を復坐させ、同時に装塡閉鎖を行なう。

本銃の甲と称するのは右装塡架を用いて小槓桿、大槓桿を尾筒右側面に付したもので、乙と称するのは左装塡架を用いて小槓桿大槓桿を尾筒左側面に付したもの。

本銃は受圧板バネの装脱ならびに駐鍵の交換により発射速度を高速と常速に変換することができ、射撃訓練には常速を、実戦には高速を用いた」

八九式固定機関銃甲と乙データ
全長　一〇三五ミリ
銃全長　七二一ミリ
全備重量　甲型一二・三五〇キログラム
　　　　乙型一二・七〇〇キログラム
口径　七・七ミリ
初速　八二〇メートル／秒

射撃速度　一分間　常速七五〇発
　　　　　　　　　高速一一〇〇発
実包　一〇〇発（ベルト給弾）三三七〇g
八九式固定機関銃は、九一戦、九二式偵察機をはじめ、後の三式戦まで装備され長期にわたって陸軍の主力七・七ミリ航空機銃として使用された。

●八九式旋回機関銃

航空機用旋回機関銃は、これまで三年式機関銃を母体に製作した鼓胴式旋回機関銃を使用していたが、大正十一年から甲号遊動式（当時は旋回式のことを遊動式と呼んでいた）、次に第一次大戦ヨーロッパ戦線でルイス式を二銃に並用した機銃を参考に乙号遊動式を製作した。

この乙号式は陸軍の航空部門からの要望で陸軍造兵廠の東京工廠小銃製造所の吉田智準少佐と岩下賢藏大尉が、わずか三ヵ月の短期間に設計し、ちょうど開発されたばかりの十一年式軽機関銃を応用したものであった。

本銃の特徴は十一年式機関銃の口径六・五ミリを七・七ミリに変更し、大きな発射速度と多弾発射を得るため二銃を並列に設置し、また高空における油の凍結防止のため、油を使用

(上)八九式旋回機関銃
(下)偵察機の後部に装備した同機関銃を操作中の機関銃手

しないものに改めたことであった。

歩兵学校や航空本部で実射テストした結果母体となった十一年式軽機関銃よりも、故障やトラブルが極めて少ないだけでなく、射撃効力も大きく、また機上に搭載も容易であったため、乙号遊動式機関銃は「八九式旋回機関銃」として昭和四年十月、仮制式となりその後本採用なった。

八九式旋回機関銃の給弾機構は、銃の両側に大きな扇型の弾倉を二個設置していたが、原型の十一年式軽機関銃と同じ挿弾子を利用、この挿弾子には五発の実包をセットし、扇型の弾倉に装塡した。実包は挿弾子に装着したまま銃の薬室に移行し、五発目を発射すると空の挿弾子（クリップ）が排出される仕組みであった。

八九式旋回機関銃には大きな扇型弾倉を両側から二個つけているため、射撃時の動揺を防ぎ銃を安定させる心要から銃の下から伸びた胸当を射手はしっかり体に密着させていたが、射手それぞれの体に合うようにこれを折たたみ式としたが、これを後に伸縮性のあるのに改めた。

この八九式旋回機関銃は満洲事変に投入され、実戦を体験して効果を挙げたが、トラブルが発生し、これを改良したのが「八九式旋回機関銃（特）」と呼ばれるものである。

改修は昭和八年初めに行なわれ、二月には（特）として制式となった。これは八九式旋回機関銃が弾倉に実包を挿弾子に挿入したまま収容するようになっていたため、射撃時に飛散する挿弾子によりプロペラや操縦者が損傷を受けることがあったので、挿弾子を保弾帯に収めたものである。

八九式旋回機銃データ

口径　七・七ミリ

全長　九七〇ミリ

銃身長　六三〇ミリ
全備重量　三一キログラム
〃　三四・四キログラム（特）
初速　八一〇メートル／秒
連射速度　七〇〇発／分

単銃身旋回機関銃一型

●ポスト「八九式」として高性能を求められた各種機関銃

冬期の使用に適した銃

昭和初期、陸軍の航空用主力旋回機関銃として開発された八九式旋回機関銃は陸軍が地上戦に使用していた十一年式軽機関銃を二梃組み合わせて連装の状態にし、多弾発射速度の増加とその威力を高めようとしたものであった。

本銃は昭和六年（一九三一年）勃発の満州事変および昭和七年勃発の第一次上海事変に参加した陸軍機に装備されて参戦した。初戦とあって航空部隊は大いに張りきったが、対する中国軍機は少なく、大きな空中戦闘にはならなかった。翌年の上海事変では、上海上空で八九式旋回機関銃の威力を充分に発揮して中国軍機を恐れさせたのである。

陸軍の冬季に対する研究は、大陸を主戦場と想定し、早くから耐寒対策に留意してきたものであった。事変が勃発し、空の戦場へと比較的多数の航空部隊が長期にわたって満州各地を飛びまわって行動するにおよび、冬季では北満の極寒が兵員や器材におよぼす影響がきわめて大きく、将来作戦行動や器材整備の面からも新たな重要課題となっていた。

昭和七年十月二十七日、陸軍省整備統制課は「北満における冬季試験」を計画した。試験の目的は北満の冬季作戦における供試資材の適否ならびに衰損の程度を調査して、対策を発見するとともに、後方から供試兵器を装備している部隊の運用上の基準を把握することにあった。

試験の実施が関東軍に命じられ、その期間は昭和七年十一月から翌八年二月にわたる四ヵ月間であった。そして航空関係の主要試験事項として次の事が行なわれた。

一、機能を完全にするため取るべき手段

二、武装装備要領と寒気との関係

各飛行機については、各種発動機、予熱機、計器類、航空カメラの機能、航空機燃料、滑油、不凍冷却水など、また搭載爆弾では、投下機の機能、照準眼鏡、弾の凍結についても検討が行なわれた。

本試験の目的は、作戦と別々に実施するものでなく、作戦を通して将来のためできるかぎりの資料を収集して役立てたいと考えたものであった。この試験は主に寒冷地帯で行なわれたが、これらの試験は引き続いて「解氷期作戦」にも実施され、八年四月上旬から五月上旬まで行なわれた。

昭和初期の飛行機には、操縦士や偵察員の防備は考えられてなく、空気抵抗や風圧を防ぐ密閉式風防はほとんど装備されていなかった。当時の飛行機でも三〇〇キロ／時ほどの飛行速度は出たため、操縦士や機関銃の射手は飛行速度に比例した強烈な風圧を機上で受けながら、旋回機関銃の大型弾倉を装備した重い機関銃を操作しなければならず、それ故にベテランの射手にしか使いこなせないということが報告されていた。

偵察機や爆撃機に搭載された八九式旋回機関銃は追撃してくる敵機に対し、確かに大きなダメージをあたえて威力を示したが、その一方、発射弾の多さと機銃本体の大きさ、また重量などがかえって射手に大きな負担を与えるという弊害も見られた。

旋回機関銃の発射時の衝撃が大きいため、銃に付いている胸当てを使って銃本体を体にしっかりと固定しなければ、目標に向かって集中弾を浴びせることは困難だったからである。

とくに寒気の強い北満の空を飛ぶのは、飛行機の速度向上につれて、密閉式風防のない爆撃機や偵察機の前方・後方に装備された八九式旋回機関銃は、その操作性もさることながら、風圧と寒気に耐える悪条件が大きく問題視されるようになった。

単銃身旋回機関銃の開発

昭和六年、満州事変に出動した陸軍の航空部隊は、主に戦闘機や偵察機を持つ飛行中隊であった。翌七年、関東軍飛行隊の強化と共に内地から新鋭機を加えて充実された。飛行部隊は大隊編成となり、飛行第十大隊は偵察機、飛行第十一大隊は戦闘機を装備したが、飛行第十二大隊は軽爆一機と重爆一機で共に八九式であった。

この関東軍飛行隊の飛行第十二大隊は、昭和八年二月から三月にかけて熱河作戦に参加、つづいて同年四月には北支作戦に参加して、偵察や対地攻撃、爆撃などに独自の戦力を発揮して偉功を立てた。この効果が陸軍を刺激し、遠距離爆撃用として九三式重爆撃機が開発されることになった。

この九三式重爆撃機は開発当初、風防装備を考えられていなかったが、一型の生産途中から風防装備が取り上げられ、二型には完全に風防装備の機種となった。

この九三式重爆撃機の開発と同時期に陸軍は八九式旋回機関銃の風圧による影響を考慮して、陸軍航空本部に軽量で扱いやすい航空機用機関銃を開発するよう要望していた。こうした声と現場の意見を取り入れて、陸軍は造兵廠に機関銃の改良を命じた。

機関銃の改良方針としては、発射速度が大きいこと、操作が容易なことが挙げられたが、最も肝心な点は複座席に装備した機関銃にかかる風圧の抑制と安定した射撃性能と操作であった。

担当した陸軍造兵廠では、いくつかの試作製作とテストを繰り返した末、昭和八年、「試製単銃身旋回機関銃」が完成した。本銃の形式は連装の八九式旋回機関銃の左側の銃をベースに単銃身にしたもので、弾倉も軽量化し円盤型に改めたものである。

試製単銃身旋回機関銃一型テ一

当初、この試製単銃身旋回機関銃一型は、「テ一」と命名され、重爆撃機に装備された。日華事変勃発から半年が経過した昭和十二年末に、陸軍航空本部が重爆用に本銃を一〇梃製造するよう要求した。

これをきっかけに単銃身銃が急に飛行部隊から注目されるようになり、昭和十三年からテ一は「単銃身旋回機関銃」として制式採用され、量産に移された。

テ一の初期型は、連装の八九式旋回機関銃から右側の銃を取り外し、左側の銃のみ残したものといってよい。銃の構造は上部に銃身、その下にはガス筒部がのびており、後部に簡素な肩当銃床が付いていた。機関部の弾倉は八九式の弾倉をそのまま使用していて、機関の下には発射時の空薬莢受けが装着されており、これはキャンバス製で作られていた。

日本陸軍の銃に対する口径規定は、口径一一ミリ以下のものは機関銃、それ以上口径が大きなものは機関砲と区分されており、機関銃には「鉄砲」の頭文字である「テ」の略称を、機関砲には「砲」の文字から「ホ」の略称が付けられている。

口径七・七ミリの試製単銃身旋回機関銃一型には「テ一」（鉄砲一）を、後述の後継銃には「テ四」（鉄砲四）が略称として付けられたのはそのためである。

●単銃身旋回機関銃二型テ四

昭和十年、軽量型旋回銃として「単銃身旋回機関銃二型テ四」が開発された。本銃の開発目的は八九式旋回機関銃に替わって、軽爆撃機や重爆撃機および輸送機などの武装強化を主として製作され、日中戦争後半からノモンハン事件さらに太平洋戦争中まで口径七・七ミリの主力旋回機関銃として活躍し、機種によっては八九式旋回機銃を併用して搭載使用された。

また日華事変中、中国奥地進攻作戦の経験から、航空技術研究所は九七式重爆撃機の武装強化を主体とした改装を行なうことになり、それを基にした「改製九七式重爆撃機取り扱いの参考」を発行した。

この武装強化機は九七式重爆一型乙と呼ばれ、改装部分は次のように広範囲におよび、昭和十五年の研究方針改正で陸軍航空の新機種に加えられた。

一、機胴体内および翼内燃料タンクに防火被覆を施す。

二、前方銃架の機関銃取り付けを曲面に沿って一五〇ミリ後退させ、使用銃は試製単銃身旋回機関銃とする。

三、左右側方銃架を新設し、使用銃は試製単銃身旋回機関銃とする。

四、下方銃を試製単銃身機関銃に変更して側方射撃を容易にし、かつ直下射撃を可能にする。
五、尾部に銃架を新設し機関銃は八九式固定機関銃甲を使用する。

上からテ四前期型、後期型、連装型

この九七式重爆一型乙に装備された試製単銃身旋回機関銃とは、昭和十四年に開発された単銃身旋回機関銃テ四のことであった。

テ四は九七式司令部偵察機、百式司令部偵察機での使用を皮切りに、九七式重爆撃機、九八式直協機、九九式双軽二型機に搭載された。

このテ四旋回機関銃には前期型と後期型がある。基本的には形状が同じだが銃に取り付けてある丸い照準具の位置に大きな違いがあった。前期型は照準具が円盤弾倉の後方にあり、後期型は照準具が円盤弾倉の前方に配置されている。

この違いはテ四の機体装備個所と射手の照準に関係があると思われる。たとえば機首前方、あるいは胴体上部や後部銃座などでは、敵機を迎え撃つ距離が異なり、それぞれの距離に合わせた最適な照準が不可欠である。

テ四型のバリエーションとしては、太平洋戦争末期、南方へ出撃した爆撃機の中に単銃身を並べて連装とし、それにともなって円盤弾倉を少し大型化した旋回機関銃も開発され、爆撃機の側方銃座に装備された。

口径　七・七ミリ（円盤弾倉六八発入）
全長　一〇五九ミリ
重量　九・二七キログラム

発射速度　六七〇、七三〇、八五〇発／分
作動方式　反動利用
初速　八一〇メートル／秒

●九四式旋回機関砲

大正末期、日本陸軍は将来海外にも長距離飛行が可能な重爆撃機の必要性を感じ、これを開発しようと考えた。しかし当時の日本には新たな大型爆撃機を製造できる民間会社の技術能力は低く、陸軍の計画は無理と思われた。

そこで陸軍は海外の航空機に範を求めることを決定し、当時大型機として注目を集めていたドイツの旅客機ユンカースGⅢ38を買い求め、この機をベースに「九二式重爆撃機」を製作することになった。

この機は戦闘機の掩護を受けることなく独立して行動できるように計画され、そのため自衛用の武装を強化、機体上部に旋回式の二〇ミリ機関砲一門、機体前後左右に七・七ミリ機関銃八梃を装備することにした。七・七ミリ銃は従来の八九式旋回機関銃を主に配置され、二〇ミリ機関砲は新たに開発したものが搭載される予定であった。

この機のため、陸軍は昭和五年にスイスのエリコン社からエリコンF型二〇ミリ機関砲弾薬を購入し、航空機用機関砲として研究したが、あまり成果はあがらなかったようである。

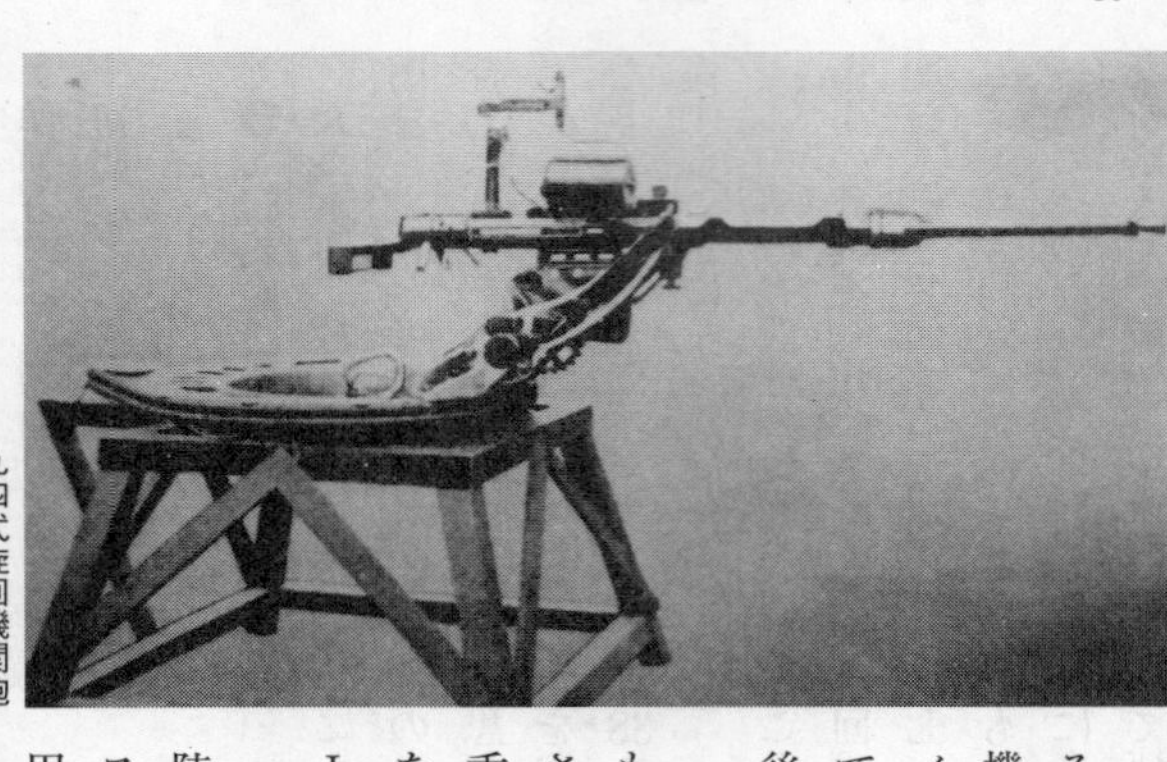

九四式旋回機関砲

昭和六年、陸軍で計画された最初の戦略爆撃機といえる第一号機が完成した。この機はキ－20（九二式超重爆機）と命名され、目的は台湾の屏東基地を飛び立ち、フィリピンのとくに米軍のコレヒドール要塞を仮想敵として爆撃することを目標に計画されたものであった。その後キ－20は六機が製作された。

九二式重爆の試作一号機が完成、初飛行を実施したにもかかわらず、搭載予定の二〇ミリ機関砲はまだ試作もされていないという状況であった。そこで陸軍は九二式重爆搭載用の二〇ミリ機関砲を急いで開発装備することを迫られ、昭和八年にはエリコン社から新たにエリコンL型二〇ミリ機関砲二門を購入した。

このL型は前のF型より少し大型のものであったが、陸軍技術本部が千葉県の富津射場において機能や射撃テストを実施した結果、操作性なども良好だったため、採用を決定した。そして機関砲に若干の改修を加えたのち、昭和九年十一月、航空機搭載用機関砲として制式採用となった。

この機関砲は「九四式旋回機関砲」と命名され、九二式重爆の仕様や日本人の体格に合わせて砲尾や肩付け部分、また引金などにいくつかの微調整を行なったのち、重爆撃機に搭載装備された。

九二式重爆撃機（キ‐20）は全幅四四・〇メートル、総重量二万五五〇〇キログラム、発動機ユンカース八〇〇馬力四基、最大速度二〇〇キロ／時、航続距離二〇〇〇キロ、乗員一〇名、爆弾搭載二～五トンといわれ、性能的にも世界水準と認められた。

●ブレダ旋回機関銃

昭和十二年（一九三七年）、日華事変の戦火拡大に対し日本陸軍航空部隊の保有する重爆撃機はやや旧式化した九三式重爆撃機だけで、まだ九七式戦闘機や九七式重爆撃機などの新鋭機の配備は開始されておらず、航空部隊は明らかに戦力不足であった。

やむを得ず陸軍は九七式重爆が投入されるまで、イタリアから爆撃機を購入して戦力不足を補うことになり、フィアットＢＲ‐20の爆撃機を選定、これをイ式重爆撃機として採用した。

イ式の武装は機首および後方に一二・七ミリ・ブレダ旋回機関銃を各一、後方上部には二〇ミリ機関砲一門を装備しており、これらの武装威力は現地部隊では好評であった。

 単銃身旋回機関銃一型

なかでも一二・七ミリ・ブレダ旋回機関銃は優秀だった。このブレダ機関銃はイ式旋回機関銃ともいわれ、その後九七式重爆撃機二型が開発されると、この機にもブレダ旋回機関銃を搭載することが求められた。

ラインメタル旋回機関銃

●近代化を図る陸軍が望んだ連射速度に優れた軽量機関銃

航空機の武装強化

日本陸軍の航空機関銃の歴史は、当時の諸国航空部隊で採用していた七・七ミリの小口径機関銃を範としたものである。陸軍の兵器開発部門には陸軍技術本部がその設計や製作、また完成した兵器の試験経過などにもかかわっていたが、これらは地上部隊用の兵器が多く、航空機の武装としての機関銃開発には陸軍技術本部はあまり関心がなかったようにも思える。

当時は、陸軍航空部隊もやっと発足したというような実状で、その装備機にも主に海外から購入した機種と同様に搭載機関銃も外国製の銃を輸入でまかない、その後これを国内で生産して採用するというコースを取ってきた。

陸軍は、八九式固定機関銃と八九式旋回機関銃を開発、次に両者の不備を修正した単銃身航空機関銃を製作して装備したが、昭和六年の満州事変、翌七年の第一次上海事変を経過して、航空機の消耗と共に新たに戦闘機や爆撃機を開発して航空部隊の充実をはかる必要にせまられたのである。

この二つの事変から、日本と中国との関係はやや不安な状況を呈しており、中国軍もこれに対応して海外から航空機を購入、その教育には外国の軍事顧問団を雇い入れて軍備に力を入れていた。

陸軍がドイツのラインメタル社製の航空機用機関銃を採用するきっかけとなったのは、昭和十二年（一九三七年）五月、日本に支店を出していたドイツの貿易会社・イリス商会が、陸軍の航空本部に海外の航空機関銃調査を願い出たことであった。

当時イリス商会は、海外から工作機械や兵器なども輸入販売しており、その一環として各国の航空機関銃使用度などの調査も行なっていたからである。

陸軍の調査依頼を受けて、その要望に合う機関銃といえば、ドイツ・ラインメタル社製のMG15航空機関銃であった。

MG15航空機関銃の原型はスイス・ソロターン社のMG30を航空機の搭載用に発展させたタイプである。機構は反動利用式でMG30に似たものであったが、航空戦闘を主としたため連射速度は早く、軽量であってかさばらず、形状は真っすぐ伸びた銃身と放熱筒があり、また弾倉は銃の機関部に収めた両側のサドル型弾倉である。七五発入り二個の弾倉を有する。別名をT6－220型機関銃ともいい、この機関銃は航空機の胴体または翼内銃としても使わ

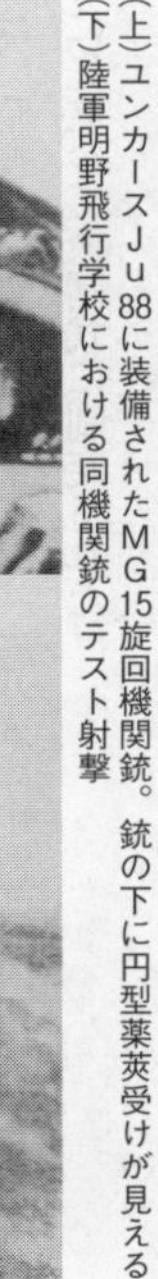
(上)ユンカースＪｕ88に装備されたＭＧ15旋回機関銃。銃の下に円型薬莢受けが見える
(下)陸軍明野飛行学校における同機関銃のテスト射撃

れ、翼内装備の場合は地上で調節可能な支持具に取りつけられていた。

ドイツでの生産はラインメタル・ボルジヒ製であったが、工場はラインメタル社およびシャドウ工場でも製作されていた。

このＭＧ15のデータは、口径七・九二ミリ、重量七・二キログラム、全長一〇七八ミリ、銃身長六〇〇ミリ、初速（七・九二ミリのSS弾）七五五メートル／秒であった。

ラインメタル社の発表によれば、SS弾で厚さ七ミリの鉄鈑を五五〇メートルの距離より、また一〇ミリの鉄鈑を三〇〇メートルより貫徹でき、さらに三ミリの鋼鈑を六〇〇メートル、五ミリ鈑を一〇〇メートルよりそれぞれ貫徹できるという。

とくにラインメタル社の宣伝では、T6－220型旋回銃はグリップがピストル型となっており、そのため肩付け照準とは違い操作しやすく、射手は迅速に目標に照準ができるという。

日本陸軍ではまずサンプルを買い求め、昭和十二年九月から各種テストを行なうことになった。陸軍の航空技術研究所は、陸軍技術本部、明野および浜松陸軍飛行学校の協力を受けて、MG15機関銃の各種試験を実施した結果、成績優秀であるとの判定を受けた。

とくに旋回機関銃としての明野陸軍飛行学校の評価では、操作および命中精度も従来の八九式旋回機関銃と比較してもいちじるしく良好で、銃の故障も少なく、また故障の排除も容易であり、すべての点で優れているとの意見であった。

この試験にはMG15の旋回機関銃ばかりではなく、MG15の固定機関銃も買い入れてあり、共にテストした結果では両銃ともこれを採用することがきまり、ラインメタルの固定、旋回機関銃は、昭和十五年六月二十六日「九八式固定機関銃」「九八式旋回機関銃」として国産着手前に先立って仮制式に制定された。

製造技術の修得

陸軍がドイツ製機関銃に注目した理由は、昭和十二年七月、中国の北京郊外で起こった日中両軍の衝突に端を発し、日華事変となったからである。

大陸での緒戦は日本の航空兵力が圧倒的に有利であったものの、中国空軍は最初こそ押されぎみであったが、外国からのパイロットを採用し、また航空機も新規に買い求めて抵抗したため、それ以降は日本側もやや苦戦ぎみで航空機と武装の威力不足を痛感していた。

陸軍は、早速ラインメタル社と交渉してMG15航空機関銃の製造権を購入し、旋回機関銃の方は陸軍造兵廠の名古屋工廠で、固定機関銃は九州の小倉工廠で国産化することになった。ところが、このMG15の製造過程と技術的見地から検討した結果、陸軍の持つ従来の製作技術では不充分なことがわかった。そのため技術員をドイツへ派遣してその生産技術を学ばせることを計画、航空技術研究所の野田耕造中佐を長とする一五名の専修員を、昭和十四年から十五年四月までドイツへ派遣したのである。

ドイツへ派遣された専修員は帰国して早速これに取り組んだ。九八式旋回機関銃の方の名古屋工廠では生産が順調に進んだが、一方小倉工廠で進めていた九八式固定機関銃は、機関銃の複座バネに使用する素材のピアノ線に良質なものが得られず、結果として試作後に少数製造したのみで、ついに実用化とならず、制式名を残したまま陸軍では採用にならなかった。

当時、戦争の推移と共に航空機の武装やその防護面など、しだいに強化発展途上にあった

(上)ＭＧ15旋回機関銃を国産化した九八式旋回機関銃と各部品
(下)名古屋工廠で製作されたラ式旋回機関銃。下は眼鏡弾倉

頃、やや旧式となっていたドイツの機銃を採用したことは陸軍でも少し考える余地はあったと思われる。しかし当時の日本の工業技術や素材面にもおくれがあった半面、ラインメタル社の製造技術の修得は、わが国の銃砲製造技術の向上をうながし、その後の兵器製造に大きな貢献をもたらした。

陸軍のＭＧ15旋回機関銃は、製作当時はまだ正規に名称は与えられていなかったので、工廠ではラインメタル社の名をとり「ラ式旋回機関銃」という名で呼んでおり、当初この名で陸軍航空部隊に納入したといわれる。

●九八式旋回機関銃Ⅱ型

名古屋工廠で生産が進められていたＭＧ15を基本とした九八式旋回機関銃であったが、ひとつ問題があった。これまで陸軍航空では従来の八九式機関銃の口径が七・七ミリであり、ドイツのＭＧ15の口径七・九二ミリと口径が少し異なるため、使用弾薬の製造面でも問題が生じるとして、陸軍内でも賛否が分かれていた。

この弾薬問題を検討の結果、航空技術研究所の南角（なんかく）長英中佐の意見を取り入れ、七・七ミリ口径弾を使用できる機関銃を製作することになった。これが「九八式旋回機関銃Ⅱ型」である。この銃の開発は名古屋工廠千種（ちぐさ）機器製造所が行なった。旋回機関銃の外見は両者共同じだが、口径と使用弾薬が異なるという。

●九九式特殊実包（マ一〇一）

航空機で敵と空中戦を行なった場合、発射弾が敵の機体に当たった時でも弾は貫通して機体に穴や損傷を与えるが、敵機を撃墜することはできなかった。敵機を撃墜するにはその操縦手を倒すか、または発動機に損傷を与えて爆発や炎上させなければ効果的な致命傷を与えることはできなかった。

第一次世界大戦後にそれに気付いた各国だが、当時は七・七ミリ級の普通実包を通常弾として使用していたため、弾薬に加工するなど思いもよらなかった。
この航空機関銃弾を威力あるものとする研究が各国で行なわれていたが中々ものにならず、七・七ミリ級の弾丸から口径を大きくした弾になってようやく弾丸の加工が各国でも考えられるようになった。七・七ミリ級では弾頭に加工するには無理だったのである。

陸軍が航空機関銃の弾薬として初めて取り組んだのは「九九式特殊実包（マ一〇一）」が開発されたからである。従来の八九式固定・旋回両機関銃に使用していた実包は、八九式普通実包、九二式の徹甲実包、焼夷実包および曳光実包で、いずれも炸裂性はなかった。

昭和十一年（一九三六年）、陸軍技術研究所に移り航空武器を担当することになった野田耕造中佐は、火力増強のためには弾丸効力、とくに焼夷効果の増大をはかることを先決として東京工廠の大村亀太郎中佐と種々検討を重ねた。

当時航空武装はできるだけ軽量を望まれ、また航空機の構造上からも装備数の増加が許されない状況だったため、弾丸効力を増す以外、火力増強の方法はなかった。その検討の結果、命中弾の衝撃で炸裂と同時に発火剤を出し、燃料タンクに着火させる方法を行なうことになった。

銃砲製造所の北川堅大尉は弾頭の内厚を薄くし、これに硝宇薬と硝英薬を混合した実包を試作した。そして昭和十三年六月に富津射場で実験を行ない、続いて在支の航空部隊で射撃したところ、大きな成果を挙げたので、これを「マ一〇一弾」と名づけ採用することになり、昭和十五年、九九式特殊実包として制定された。

独空軍機主力銃の装備

●ＭＧ17固定機関銃

昭和十四年から川崎航空機で開発されたキ－45試作複座戦闘機は、爆撃機に随伴して敵地に進攻するのが主任務であり、その機首にはドイツのラインメタル社から購入したＭＧ17固定機関銃が装備された。

この固定機関銃も前述したＭＧ15と同じラインメタル社製で、別名をＴ６－200型機関銃といい、軽量でドイツ機には機首や翼内銃として装備されていた。ＭＧ17はドイツではハインケルＨｅ112およびメッサーシュミットＢｆ109に装備された。

このＭＧ17（Ｔ６－200）は機首用固定機銃で、プロペラ回転面から発射され、アルグス式同調装置が施されていた。弾丸は金属のベルト給弾、ベルトの長さは四八〇〇ミリで弾薬二五〇発を携行できた。

ＭＧ17は、ＭＧ15とほぼ形態が似ているが、これを戦闘機用の固定銃に設計した銃である。ＭＧ15の場合、発動機や同調発射機構などの部分に故障が多く、それらを修正改善したのがＭＧ17である。

ＭＧ17はＭＧ15よりも頑丈に作られ、その分重量もあったが、もともとドイツ空軍の主要

MG15 旋回機関銃

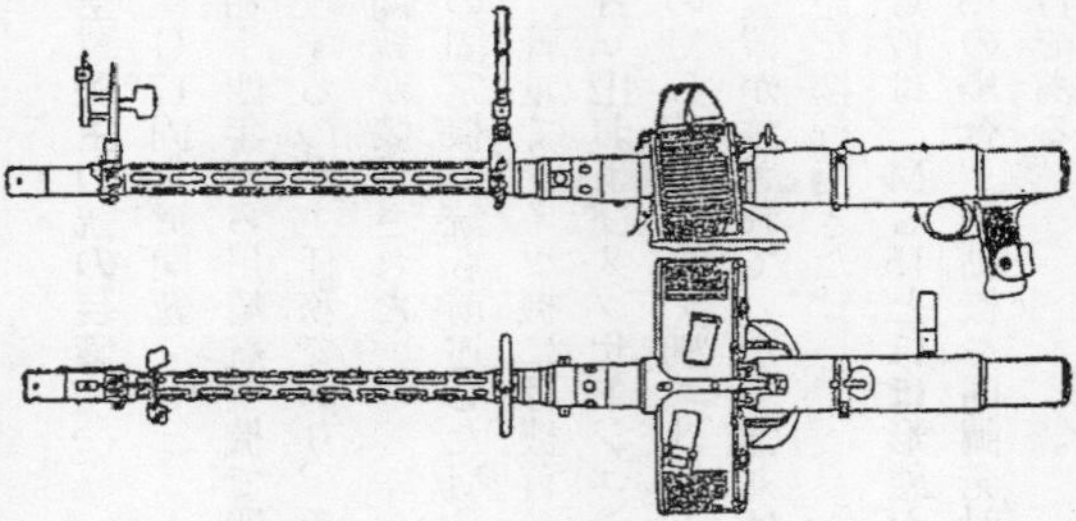

MG17 固定機関銃

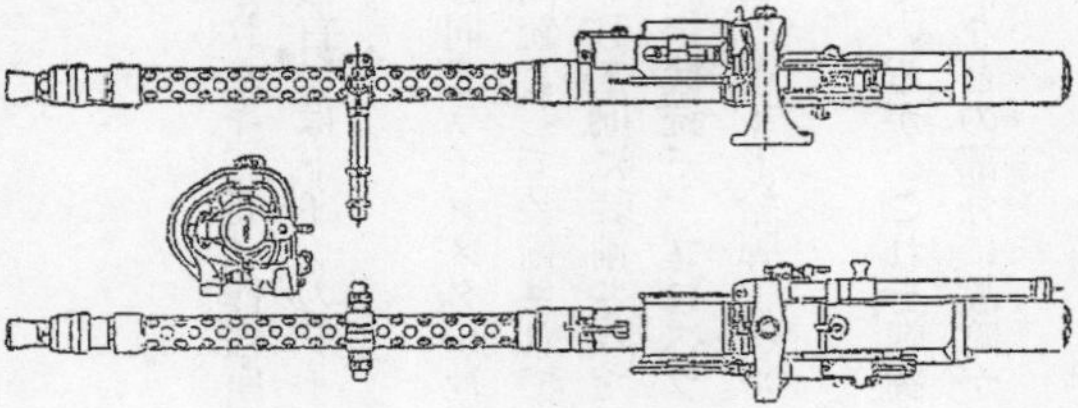

兵器として戦闘機に装備されており、翼内や機体に配置可能なように機関部基部が細くできており、日本陸軍で注目したのもその機銃の応用性にひかれたものであろう。
その威力は前述のMG15とほぼ同様で、ラインメタル社のデータではSS弾で厚さ七ミリの鉄鈑を五五〇メートルよりぶち抜くことができ、一〇ミリの鉄鈑を三〇〇メートルより貫徹可能で、射速をコントロールでき、銃の重量二二ポンド、発射毎分一二〇〇発であった。
日本陸軍機に装備した場合

は、ベルト給弾式で一本のベルト弾帯には通常五〇〇発から一〇〇〇発までは装弾できたが、キ-45に搭載した際には、例外的に機首下部にある左右五〇発の弾倉内に引き出し式に収容した。

なお、キ-45の機首に装備したMG17のベルト給弾式の弾倉は、半月型のものであったという。

MG15とMG17は旋回と固定の違いはあるものの機構的にはそう変わらず、外見によって異なる所を見ることができる。MG15の銃身をおおっている放熱筒にあけられた穴は楕円形になっているのに対し、MG17の放熱筒の穴は丸形にあけられているのが特徴である。

九九双軽・三式戦搭載機関銃砲

●ドイツ製ならびにその影響をうけた機関銃が装備された

対ソ戦用軽爆の開発

昭和十二年（一九三七年）末、陸軍は川崎航空機に対して双発軽爆撃機の試作命令を出した。この指示はソ連が開発したＳＢ－２双発軽爆撃機に陸軍が刺激されたからである。陸軍は将来の対ソ作戦にあたって、満州の基地から国境付近のソ連陣地に爆撃を行なうため、特に機動性と速度を要求して双発軽爆撃機を開発することになった。

その要望は次のものであった。

一、最大速度　四八〇キロ／時、三〇〇〇メートル以上
二、航続時間　三五〇キロ／時、三〇〇〇メートルで六時間以上
三、上昇時間　五〇〇〇メートルまで一〇分以内

四、爆弾搭載量　四〇〇キロ以上、爆弾倉は胴体内に設け、四〇〇キロ爆弾の装備が可能であること
五、機関銃武装　前方、後上方、後下方の三ヵ所に銃座を配置し、各七・七ミリ旋回機関銃（後上方は二連装）を装備
六、発動機はハ二五、双発、乗員四名
七、緩降下爆撃が可能であること

この要望に対し、川崎航空機では土井技師を設計主務とし、大和田技師を補佐として昭和十三年一月から設計を開始した。このキ－48の要求にはとくに問題というべき点はなかったが、四〇〇キロの爆弾を装備できる胴体内爆弾倉と、後下方銃座の採用という二点がこれまでにない新しい課題だった。

川崎では機体内に大型爆弾倉と後下方の扉の射界を設置するため、ふくれた中央胴体と急にくびれて細くなった後部胴体というキ－48独特のスタイルの型式をとらざるを得なかったのである。

当時このような機種は、イギリスのハンドレーページ・ハンプデンや、アメリカのマーチン・バルチモア機と同思想のもので、いずれも敵機からの下方追撃に対するものである。キ－48の要求もこれと同じで、機体後部胴体下面の扉を開いて機銃を出し、これに対応射

撃を行なうよう考えたもので、通常飛行時はこの扉を閉鎖して飛行する。また機首の爆撃手兼銃座も上下に広くなっていて、装備機銃の照準移動も楽にできるようにした。

こうして設計されたキ-48は機体全体のまとまりも良く、表面には沈頭鋲で仕上げられ、昭和十四年四月に設計が終わり、同年七月には川崎で早くも試作第一号機が完成進空し、続いて四号機までができて、九月からは立川飛行場で審査を受けた。

さらに十一月には浜松陸軍飛行学校で、爆撃の審査が行なわれ、これに無事パスしてすぐれた成果を挙げ、ただちに増加試作が行なわれるなど、機体製作は順調に進められ、翌十五年初め、陸軍の制式採用となり、キ48は九九式双軽爆撃機として部隊配備された。九九式一型は昭和十五年秋には中国大陸に派遣されて、九七式、九八式両単発軽爆撃機にかわって活躍し、その機動性の良さを充分に発揮して、前線部隊に歓迎された。

●九九式双軽爆の武装

中国戦線の奥ふかく爆撃を敢行する九九式双軽爆撃機は完成したが、これには火器の重武装が課せられた。

それまで爆撃機の出撃には途中援助として戦闘機の護衛がなされていたが、爆撃飛行隊に付随する戦闘機の航続時間が、ほかの機種と比較しても非常に少なかったので、燃料を経済的に使って無駄な飛行をせず、爆撃飛行隊を目的地上空に送ることにあった。

戦闘機の航法は航続時間が限られるのでやりなおしがきかず、燃料がつきて不時着の窮地に追いこまれることもあった。そのため、中国奥地へ出動する爆撃機には戦闘機の援助を必要とせず、敵機に追撃されてもこれを自力で排除する必要性から、九九式双軽爆撃機は重武装となったのである。

初期の飛行編隊では軽爆は三～七機、重爆では三機の構成が普通であったが中国戦線の爆撃が重視されると、機種によってはそれ以上の編隊をとることが多くなった。また攻撃方式も当初は敵飛行場への爆撃であったが、それが敵飛行場、工場地帯に対し各種爆撃法（水平、高々度、緩降下、推測、照明爆撃）を用いることが多くなり、戦隊を合わせて攻撃を実行することとなった。

編隊行動からはなれた爆撃機は敵戦闘機に狙われやすく、分離して単独飛行は危険だったからである。

九九式双軽爆の武装は機体に合わせて、前方銃座、後上方銃座、後下方銃座の三ヵ所だが、これには各種の機関銃が搭載された。まず前方銃座には、軽量化を生かした単銃身旋回機関銃四型を装備したが、後にはドイツのラインメタルＭＧ15を国産化した九八式旋回機関銃と換装した。単銃身旋回機関銃の弾薬は七・七ミリ、九八式旋回機関銃の弾薬は七・九ミリである。この装備弾薬の違いは上方装備機関銃と関係があった。九九式軽爆の上方には当初八九式旋回機関銃が搭載された。この機関銃の弾薬は口径七・七ミリ、前述の単銃身の前方機関銃と弾薬が共用できたからである。

この八九式旋回機関銃は双連銃で発射威力がある半面、大型の扇型弾倉を備え射撃時の風圧には射手を悩ましたという。

この後方銃座もまた後には八九式旋回機関銃にかわって、新しく開発された一式連装旋回機関銃が搭載された。

●一式連装機関銃

一式連装機関銃の開発のきっかけは陸軍航空にドイツのラインメタル製ＭＧ15旋回機関銃が導入されたからである。扇型弾倉を備えた八九式旋回機関銃は単銃身と比べて双連銃であり、その発射威力も初期の中国戦線では大いに発揮できたが、問題となったのはその大型弾倉であった。

初期の風防むき出しの飛行では風圧に悩まされ、射手の手も凍傷になるなどの問題もあり、陸軍航空本部はＭＧ15についていたサドルバック式弾倉と八九式に装備した扇型弾倉について、どちらが機関銃に適し、その利用度や操作性なども併せて試験した。

その結果、扇型弾倉よりもサドルバック式のほうがバランス良く、射手も操作性が良好とわかり、これを制式化して装備することになった。

しかし、そのまま八九式旋回機関銃への弾倉交換では、銃の機関部や薬室などへの給弾方

（上）一式連装旋回機関銃。（下）サドルバック弾倉をはずした同機関銃

法がスムーズにゆかず、新たに八九式旋回機関銃の構造を取り入れた新機関銃を開発して装備搭載することになった。これが一式旋回機関銃である。

この銃の試作時は、ドイツと同じサドルバック弾倉に収められていた七・九二ミリ口径の弾を採用することになったが、やや口径が異なることが問題となり、結局弾薬は八九式普通実包を範とした一式実包を取り入れた。

こうして制式化された一式旋回機関銃は外観こそ八九式旋回機関銃の弾倉のみを取りかえたような形であるが、実際には八九式を原型にその機能をそこなうことなく、さらに威力と操作性を追求したもので、九九式の後方銃座ばかりでなく、その後の大型爆撃機などの防護装備として使用された。またこの一式旋回機関銃は「テ三」とも呼ばれていたようである。

口径　七・九ミリ（双連）
弾薬　一式実包
装弾数　一〇〇発（サドルバック式弾倉）
作動方式　ガス圧作動方式
全長　一〇五〇ミリ
重量　一五六キログラム
初速　七八〇メートル／秒

九九式双軽爆機の後下方銃座の設置は、従来爆撃機などの後下方は搭乗員にとって死角になりやすく、敵機からの追撃には一番弱点ともいえる。ここを防護するため本機では弾倉直後を少しくびらせ、引き込み式の銃座を設置して追撃機に対応した。

この下方部分は下にやや斜めに開くようになった揺台で、機関銃を装備し、追撃機への戦闘態勢となった場合は機関銃を揺台にすべらせて固定、射手は身をのり出して敵機と対応した。

この時が射手にとっても心理的に恐ろしく、その反面、追撃機にとっても意外な方向からの射撃でプレッシャーを与えることもできる。

九九式双軽爆の下方銃座には、初めはその軽量を生かして単銃身旋回機関銃が装備されたが、後にはラインメタル系の九八式旋回機関銃に交換されて装備した。九九式双軽爆機のように、機体下方をくびれさせ、ここに銃座をもうけた例は、ほかの機種にはあまり見当たらない。

●八九式旋回機関銃(改)

昭和十三年の中国戦線、その翌十四年のノモンハン事件と大陸で戦うことになった陸軍航空だが、航空機の損傷も多く、搭載武装も不足がちで航空本部を悩ませていた。

この兵器不足を補うよう目をつけたのは、第一線から退いた八九式旋回機関銃である。同機関銃は戦争初期に花形航空兵器としてスポットを浴びていたものの、時代の流れと共に新兵器が次々と開発されるにつれ、固定、旋回銃ともに第一線から後方の教育機関の訓練用として使用されていた。

中期から戦争が激しくなると、搭乗員の養成に陸軍飛行学校や少兵飛行兵制度が急速に設置され、これの射撃訓練用に八九式固定、旋回機関銃は大いに活用された。

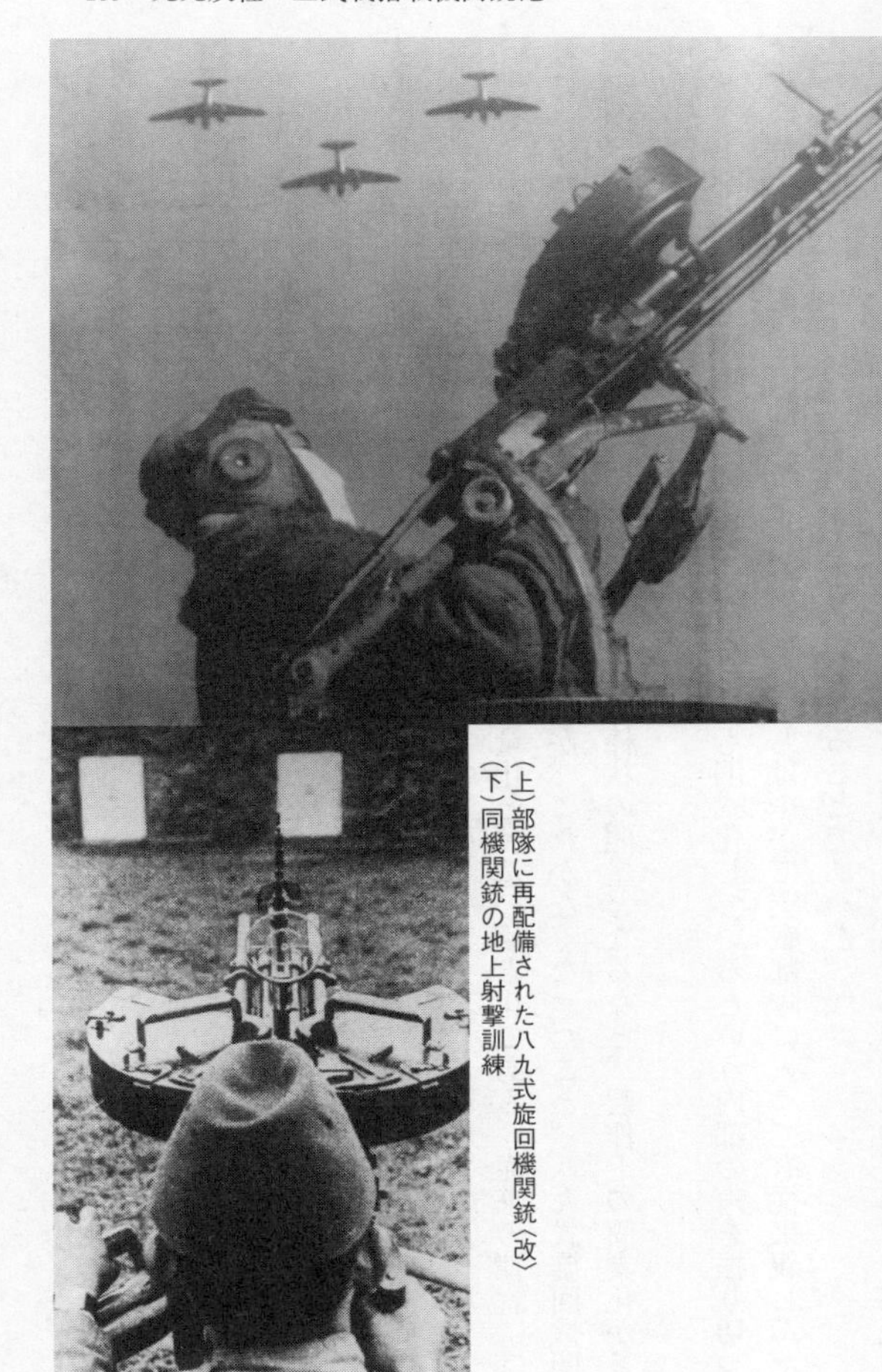

（上）部隊に再配備された八九式旋回機関銃〈改〉
（下）同機関銃の地上射撃訓練

とくに八九式旋回機関銃の不備とされた扇型弾倉は素材を軽金属にかえて軽量化し、空中射撃時の風圧によるガタつきや操作性も改良され、また新しく部品も修正されて生まれかわっていたものである。

実戦部隊での八九式旋回機関銃は、出撃して敵機と空中戦を行なわないかぎり弾丸を射つことはないが、飛行学校では搭乗員の卵たちによって毎日激しい実射訓練を行なう。第一線機からはずされても、射撃訓練での不備は教官たちによって徹底して修正、また改良された。その改良点は機能向上だけではなく機銃の操作性も検討され、射手によって異なる射撃時の胸当ての固定など伸縮性や胸当て部の屈折なども研究された。

改良された旋回銃の大きな部分は、弾倉の軽量化と製造の簡素化である。従来の弾倉には横にいくつかの溝があって軽量化を進めていたが、これがなくなったこと。八九式旋回機関銃の照星部分の未来照準器がはずされ、一本の棒状の照星となるなど、製作上の簡素化が多く取り入れられた。

航空本部はこの銃の実戦配備を考えたが、銃も旧式化しているという内部の声を振り切って実戦投入をきめた理由は、教育した航空兵たちはやがて実戦部隊に入っても従来親しんだこの機関銃ではすぐ実戦に活用することができることであった。

改良された機関銃は八九式旋回機関銃改または二型として実戦部隊に配備され、爆撃機や輸送機の武装として太平洋戦争末期まで長く使用された。

ドイツからの贈り物

●マウザー機関砲の購入

陸軍は昭和十七年五月、航空機の武装強化を決定した。この中には航空技術研究所が企画試作を行なっていたホ五（二〇ミリ）航空機関砲があった。

しかしこれは民間工場で製作したものであり、造兵廠とのいきさつもあってなかなか進展しなかった。海軍が昭和十五年頃から二〇ミリ機銃を採用したのにくらべ、陸軍の二〇ミリ使用はあまりにもおそかったのである。

当時、二〇ミリ機関砲はドイツのマウザー社が開発していて「マウザー二〇ミリ機関砲」と呼び、世界的にも名が知られていた。陸軍はホ五（二〇ミリ）の生産おくれをドイツのマウザー二〇ミリでカバーしようと考えた。

そこで陸軍はドイツ駐在武官を通じ、マウザー社からマウザー二〇ミリ機関砲および弾薬を購入する交渉を開始したが、ドイツ空軍としては連合軍との激戦中であり、とくに空軍装備火器に関しては急を告げていて空軍参謀本部が譲渡に反対したため、交渉はなかなか進展しなかった。

マウザー二〇ミリ砲はドイツ空軍機の主要装備のため難を示したものであろう。このいきさつを聞いたヘルマン・ゲーリング空軍元帥が「日本の戦力を強化することは、すなわちド

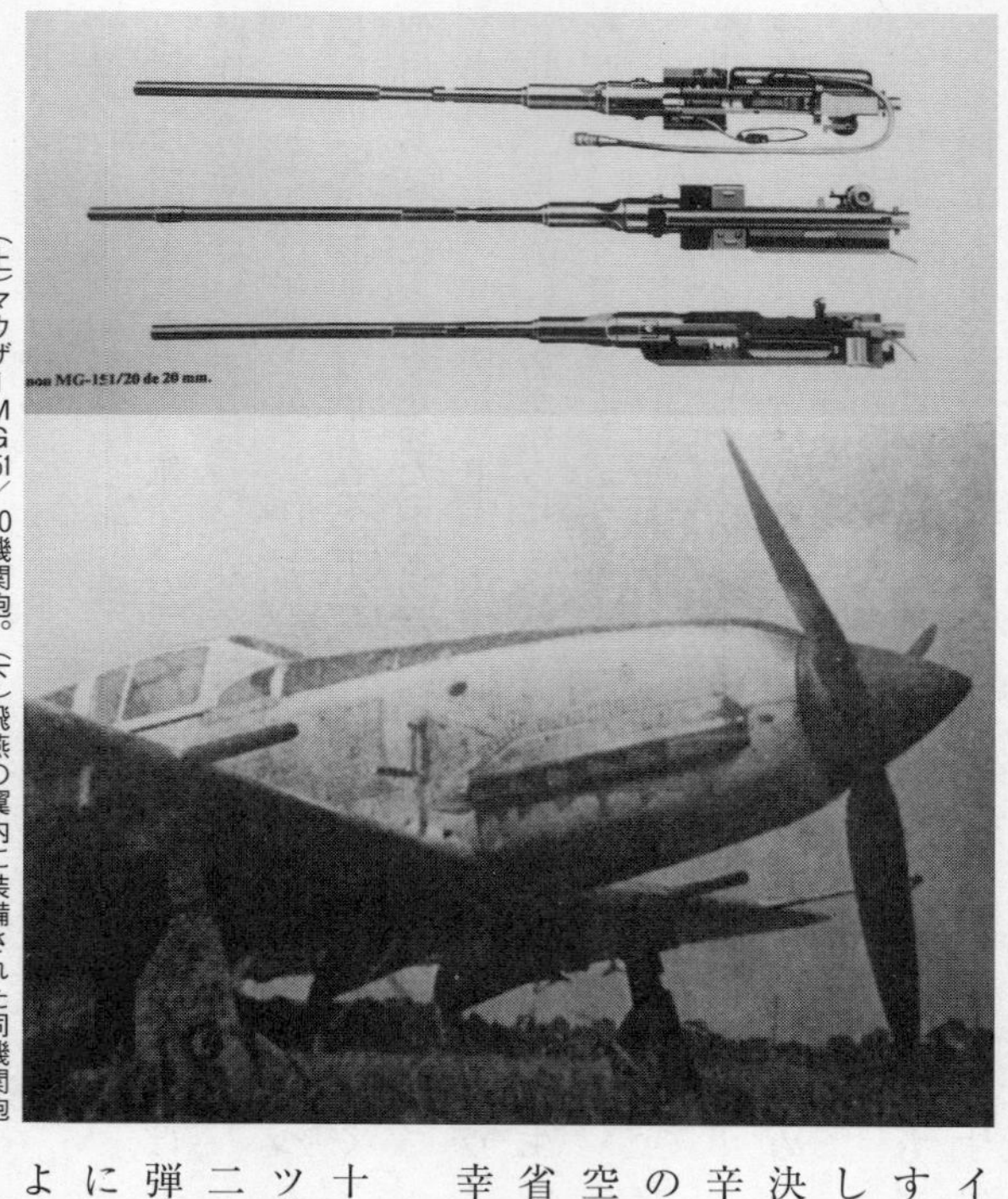

（上）マウザーＭＧ151／20機関砲。（下）飛燕の翼内に装備された同機関砲

イツ空軍の戦力を強化するゆえんである」とし、大局的な観点から決裁したことにより、辛うじて許可されたものである。またミルヒ空軍元帥やドイツ航空省当局の好意もこれに幸いした。

こうして昭和十七年十一月二十八日、ドイツ航空省からマウザー二〇ミリ砲二〇〇〇梃、弾薬一〇〇万発の譲渡について正式な回答がよせられた。在独武官は早速購入の手配をし、十一月以降、機関砲は毎月三〇〇梃あて、弾薬は毎月一五万発が日本へ送られることになったのである。

しかしヨーロッパの戦況はきびしく、陸軍の手にしたマウザーMG151／20は機関砲八〇〇梃、弾薬四〇〇万発にすぎず、陸軍ではこれを三式戦闘機「飛燕」のみ搭載することとした。

南方では米軍のP－38戦闘機が猛威をふるい日本機と空中戦を展開していたが、昭和十八年中期からP－38J型が出現すると、日本機よりも性能ならびに武装も上を行き、日本機側の戦果が極度に低下していた。

その戦訓から第四航空軍は三式戦闘機「飛燕」の武装強化を要求し、この武装を補うためドイツから潜水艦によって運ばれたマウザーMG151／20を三式戦「飛燕」の翼内銃として換装することになり、川崎航空機では改修団を機銃と共に南方基地に送り、現地改修を行なった。

こうして昭和十八年九月から翌十九年七月まで計三八八機の「飛燕」が武装を一二・七ミリから二〇ミリと改修され、重量増加により性能はやや低下したものの、敵大型爆撃機攻撃には多大な戦果を挙げることとなった。

隼のホ一〇三

●七・七ミリか一二・七ミリか、口径に関する論争の後に

新鋭戦闘機の主兵装

「隼（はやぶさ）」の名で知られる一式戦闘機（キ－43）は、太平洋戦争に参加した陸軍の戦闘機のうちでは海軍の「零戦」とならんでもっとも名の知られた機種である。

しかし、キ－43一式戦が開発された当初は、本機に対する正しい評価は少なく、一部には失敗作のように言われていた。これはキ－43が過渡期の機体であったこともあり、陸軍航空では九七式戦闘機が採用され中国戦線での活躍が期待されていた頃でもあった。

一式戦の長所はその航続力と武装の一二・七ミリであり、陸軍航空内でも不評であった「隼」の優秀さを示したのは部隊に配備され、実戦でその威力を示し大きな戦果を挙げたことによる。

一式戦「隼」が最初に部隊配備されたのは昭和十六年（一九四一年）春で、当時中国の広

(右)第六十四戦隊長・加藤建夫少佐
(左)戦隊長機の隼と整備兵たち

東に駐屯する加藤建夫少佐を長とする飛行第六十四戦隊で、次に飛行第五十九戦隊が「隼」に改編されて中国空軍と戦った。

一式戦が太平洋戦(南方作戦)を目的にして採用されたことはよく知られるが、昭和十六年十二月八日の開戦時には、まだ両戦隊合わせて四〇機ほどしか活動可能な機体が配備されていなかった。

両戦隊はそれぞれ第三、第七飛行団に属し、南方作戦に投入されマレー作戦、パレンバン降下作戦の援助など、またジャワ作戦にも参加して各地域で米軍機と戦闘を交え、敵機および基地攻撃を行ない大きな戦果を挙げることができた。

なかでも第六十四戦隊は「加藤隼戦闘隊」としてその名をとどろかし、昭和十七年三月にはビルマに進出、マグウェの航空殲滅戦に活躍したが、十七年五月二十二日に戦隊長・加藤建夫中佐はアキャブ攻撃中に戦死をとげ、少将に特進して軍神に列せられた。

この一式戦「隼」が挙げた戦果のかげにはそれに搭載された一二・七ミリ機関砲の開発経過を知る必要があり、一二・七ミリ機関砲採用のいきさつをのべてみたい。

昭和十二年七月、北京の盧溝橋で日中両軍が衝突、これをきっかけに日華事変へと突入した。一方海軍でも上海で日中両軍が戦闘を開始し、第二次上海事変となったが、海軍航空隊は台湾より中国に対して渡洋爆撃を行なうことになり、海を越えて中国を攻撃した。

陸軍航空部隊の活動は、事変が起こってから武漢攻略まで、主に地上、航空を一体化した戦力をもって戦った。したがって航空作戦の主体は地上作戦の直接協力であり、航空戦闘はふりかかる火の子をはらうような戦闘行動であった。

当時、中国空軍は各国から呼びよせた軍事顧問団によってようやく誕生したとはいえ、空軍部隊は飛行九個大隊、独立飛行七個中隊を有し、その主力を南京、包容、広徳、南島に置き、他は西安、太原、徐州、漢口、広東などに配置していたが、その空軍兵力はまだ強力とはいえなかった。

一方、日本国内の航空部隊関係者たちは、将来の航空機の武装に対し議論を重ねていた。これは陸軍の戦闘機武装を七・七ミリの機関銃で良いか、または口径の大きな一二・七ミリ、さらに二〇ミリの機関砲にすべきかの議論であった。これは陸軍技術本部の航空機関銃部門も参加しての討論であったが、実際には戦闘機の用法、すなわち設計方針にもかかっていた。

戦闘機の火器は、敵機と出合った場合その射撃法もお互いに一瞬が勝負であり、短時間に発射する弾丸数が多いことがのぞましく、一発の威力が大きいこと、および有効射程の長いことが必須条件であった。

しかし、発射弾数を多くすること、一発の威力を大きくすることは相矛盾する要素で、小口径機関銃は弾丸数は多いがその威力に乏しく、また大口径機関砲は威力が大きい半面、弾丸数は少なく搭載弾数に限りがあった。

当時の各国戦闘機に例をとると、イギリスは小口径多銃主義で、一方ドイツは一発必殺主義であり、ヨーロッパ戦線の緒戦ではイギリスの多銃主義は空中戦で優位に立ったが、ドイツ空軍が燃料タンクをゴムで防備し、操縦士のまわりを鋼板で防護するようになってからは、イギリスの七・七ミリ機関銃の威力は無力化し、これに対応するためイスパノスイザ二〇ミリ機関砲と交換装備したと伝えられる。

わが国でも、日本海軍は昭和十四年にスイスのエリコン社製二〇ミリ機関砲に注目し、これを取り入れて大日本兵器（株）で国産化を進めた。これに対し陸軍の航空部隊は高速でかつ運動性の良い戦闘機を望み、図体が大きく重量のかさむ二〇ミリ機関砲の搭載を好まない風潮にあった。

日華事変に突入してからの陸軍航空部隊は中国空軍機を相手とし、初戦から大きな戦果を挙げたのは優秀な機種とその操縦技術のたくみさにもよったが、この頃は主に七・七ミリ機関銃が主であり、パイロットも大きな自信をつけたものであった。

しかし中国戦線も後半になると、米国から義勇兵として募集した「フライング・タイガース」の部隊が登場し、さらに昭和十四年のノモンハン事件ではソ連機と戦うようになる。

当初はソ連機も防護が薄く、陸軍の九七式戦闘機の操縦性を生かし充分戦果を挙げることができたが、ソ連機が操縦士保護のため機体防護を重視すると、その撃墜数は極度に減り日本機は苦戦をしいられることになった。小口径の七・七ミリではソ連機や米軍機に対応することがむずかしくなったのである。

その頃海外では七・七ミリから一三ミリ級の機関銃へと移行しつつあった。

陸軍航空では戦闘機の操縦者と兵器を開発する技術者の間で、武器の口径に関する論争が続いていた。

一二・七ミリ砲の開発

搭載機関銃の論争は次のようなものであった。戦闘機操縦者は、「操縦の優秀さをもって十分威力を発揮できる、七・七ミリ級を捨てて銃容積ともに大きい一三ミリ級または二〇ミリ級を採用する必要はない」というのが意見の大多数であり、その上司も「操縦が主で火力は従」として部下の意見を支持していた。

これに対し技術者たちは「敵機の性能と機体防護はもはや昔日の比ではない、火器の威力の向上しなければ、いかに操縦がすぐれていても最後の決を得ることはできない」として、お互い意見が対立した。

飛行機の一機撃墜に必要な命中弾数は、弾丸効力に反比例する。弾丸効力は一弾の重量に比例した。

弾丸効力比は二〇ミリを一〇〇とした場合、一三ミリは「三七」、七・七は「八」であった。また一回の射撃（三秒間）における発射弾数は二〇ミリの二〇発に対して、一三ミリは三〇発、七・七ミリは五〇発であった。

従って二〇ミリの一門は一三ミリの三門、七・七ミリ銃の六梃に相当し、小口径のものほど多銃を装備しなければ射撃効果は期待できなかったのである。

昭和十四年の装備研究方針により、七・七ミリ機関銃にかえ一三ミリ級（一二・七ミリ）を戦闘機の主装備とすることが決定されたので、陸軍航空では官、民間を含め一二・七ミリ機関砲の試作を依頼した。口径は一二・七ミリの固定機関砲三種、旋回機関砲一種、名称は「ホ」シリーズである。

●ホ一〇一

試製一二・七ミリ固定機関砲一型（ホ一〇一）はガス利用式で小倉工廠が担当した。

●ホ一〇二

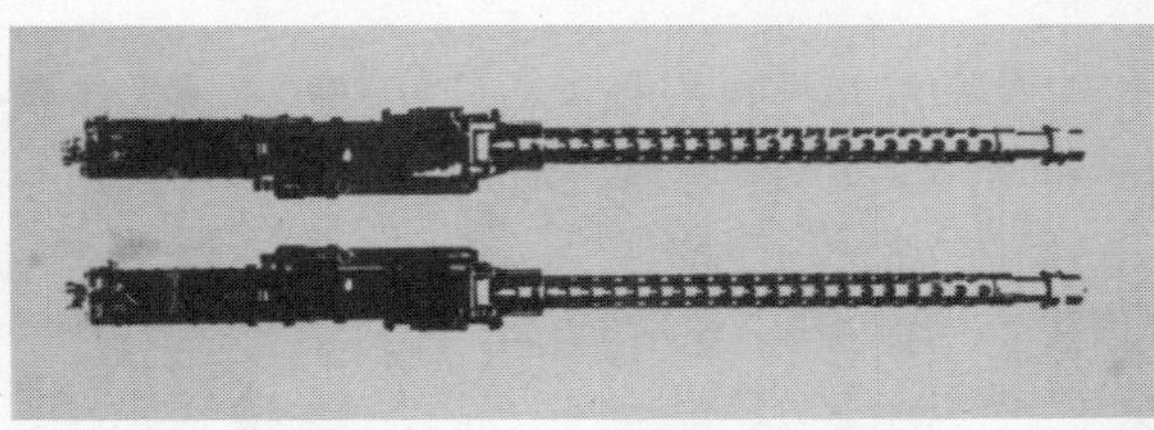

ホ一〇三

試製固定機関砲二型（ホ一〇二）は反動利用・銃身後座式のブレダ一二・七ミリ機関銃の国産化であり、これは名古屋工廠が担当した。

●ホ一〇三

試製固定機関砲三型（ホ一〇三）は二型と同じ反動利用・銃身後座式で、中央工業がアメリカのブローニング航空機関銃を参考に製作された。これは機体固定機関砲のため甲型と乙型が試作された。

●ホ一〇四

試製旋回機関砲（ホ一〇四）は陸軍航空技術研究所が試作を担当、一二・七ミリの旋回機関砲を航空技術研究所が試作をするのは初めてであった。この試製旋回機関砲はアメリカのブローニング一二・七ミリ機関銃を原型として設計を行なったのである。

昭和十五年になって、陸軍は各工廠や航空研究所が試作した一二・七ミリの航空機関砲が完成したのにともない、計四種の試作機関砲の審査を行ない、また海外から購入した搭載機関銃との性能比較テストを行なった。

海外から購入した機関銃は次のものであった。

●ブレダ一二・七ミリ航空機関銃
イタリアから購入したフィアット重爆に搭載されたものと同型のもの。
●シヴァキ一三ミリ航空機関銃
ノモンハンのソ連機との戦闘で撃墜した機体装備の捕獲機関銃。
●ブローニング一二・七ミリ航空機関銃
アメリカから購入した一二・七ミリ（口径〇・五〇インチ）米国の航空機関銃として有名で、主に爆撃機に搭載されていた。

陸軍航空部隊は日本製四種、外国製三種の航空機関銃を射撃、操作、故障排除の面から比較実験を行なった結果、中央工業が製作したブローニングタイプのホ一〇三が各国の優秀航空機関銃と比べて射撃性能や操作性なども遜色ないことがわかり、昭和十六年、ホ一〇三／一二・七ミリとしてこれを採用することを決定した。

ホ一〇三固定機関砲はその機体の給弾方向によって甲砲と乙砲に区分され、口径一二・七ミリ、重量約三〇キログラム、発射速度毎分八〇〇発（固定・旋回とも）、初速八五〇メートル／秒、銃身後座・反動利用の型式であった。

ホ一〇三の弾薬は、普通弾、曳光徹甲弾、「マ一〇二」および「マ一〇三」であった。マ一〇二は弾頭に命中の際、衝撃で発火剤を出し、燃料タンクに着火させる特殊実包で、マ一〇三は頭部に瞬発信管をつけた炸薬榴弾であった。ただし、このホ一〇三の発射速度を大きくするため弾薬は軽量になっていたという。なおマ一〇三の弾薬は昭和十三年九月、航空技術研究所がブレダ一二・七ミリ機関銃弾薬に榴弾の加工をほどこして炸薬榴弾としたものであった。

一式戦への装備

昭和十六年春、ホ一〇三は中国の広東に配置された加藤建夫少佐を長とする、飛行第六十四戦隊の一式戦一型に装備された。

この一型機体には前方左銃をホ一〇三に前方右側に八九式固定機銃と併用して装備されたが、一式戦（「隼」）二型が誕生すると七・七ミリの八九式固定機関銃は廃止され、二型からホ一〇三の甲ならびに乙銃が配備され、続いて二式戦が開発されると、ホ一〇三を両翼に、前方固定銃として八九式七・七ミリ機関銃を装備していたが、昭和十八年三月に二式戦の二型が完成するとホ一〇三／一二・七ミリを四門装備して南方作戦に戦果を挙げた。

陸軍の戦闘機としてホ一〇三／一二・七ミリを装備した機種は、二式複戦が前方砲としてホ一〇三を二門、その他キ－61も前方銃にホ一〇三を二門、さらにこれを改良して重武装としたキ－61にはホ一〇三を四門装備して連合軍機と激しい空中戦を展開し、他に九七式重爆、一〇〇式重爆にもホ一〇三が装備されたことが知られている。

ホ一〇三の生産は、昭和十五年からは航空工廠の千種製作所が一二〇門受注したのをきっかけに生産体制をととのえ、また小倉工廠でも月産二〇〇門の量産を陸軍から製造指示された。

ホ一〇三の発射速度は八〇〇発であったが、より発射弾数を増すために尾栓の運動距離を短くしてあった。このことが弾の給弾機構に影響を与え故障がおこりがちであった。

敵機との空中戦では一瞬の遅滞が勝負を決するため機銃の故障は致命的であり、機銃操作はつねに良好な状態を維持しなければならない。

航空機関銃は空中で射撃姿勢をとったとき、ベルトに遠心力が作用して引っ張られることが起きるため、この力をおさえるようホ一〇三の地上テストでは遠心力に相当するおもりをつけて地上試験を実施した。

空中戦では急旋回や急降下などの激しい引き起こしにかかる重力の加速度は最大六Gがかかるとして計算されていた。

キ-43一式戦「隼」の一型の不備を改修した二型は武装にホ一〇三／一二・七ミリ機関砲を二門、爆装六〇~五〇〇キロ爆弾で、昭和十七年六月に制式採用になった。

その頃、陸軍航空では南方作戦地域に登場した米軍のB-17の対策に苦慮していた。陸軍中央部はB-17撃墜の可能性の調査は行なったもののこの対策は不明であった。

ところが航空本部ではビルマ方面での対爆撃機戦闘の経験から「案外我に有利である」と

(上)廃止された八九式固定機関銃
(中)12・7ミリ機関砲を装備した隼
(下)ホ一〇三を装備した鍾馗

楽観的であった。

Ｂ－17南方へ進出の報をうけて、陸軍第十二飛行団の一式戦一型六〇機は十二月十八日ラバウルに進出し、その一部と海軍の航空隊が協同してラバウルの防空にあたった。十二月二十二日、一式戦の三機編隊は偵察にきた一機のＢ－17に対し、一二・七ミリ機関砲弾三五〇発、七・七ミリ機関銃弾三〇〇発を発射し、多数の命中弾を与えたことは確実と見られたが、撃墜できなかった。

ついで翌二十三日にもＢ－17一機に対し一式戦九機で約二〇〇キロも追撃して集中攻撃を加えたが、これも撃墜は不可能であった。

「二〇ミリ機関砲装備の零戦で墜せないものが、一二・七ミリの一式戦で墜せるはずがない」という海軍の風評を耳した陸軍の操縦者たちは非常にくやしがったというエピソードがある。

一式戦のＢ－29攻撃では次のものがある。

キ43「隼」がはじめてＢ－29に遭遇したのは中国の成都上空であった。昭和十九年四月、「隼」戦闘機一二機の編隊はインドから成都に飛行するＢ－29二機を発見した。成都は米軍の日本本土空襲の基地であった。「隼」戦闘隊は十数分間にわたって一〇回以上の攻撃をかけたが軽微な損傷を与えたにすぎなかった。

Ｂ－29の操縦士は基地に着陸後、機体に命中弾を受けたことを確認、射手が一名負傷し、搭乗員室が気密の低下をきたした。この戦闘で「隼」機が被弾した。B－29の武装は「隼」と同じ口径の一二・七ミリ一〇門および二〇ミリ砲一門であった。B－29の要部装甲は一六ミリ鋼板、一式戦の一二・七ミリではこれを貫徹できなかった。

キ－45の対地火器

●地上戦火器を載せて対地上戦に特化した幻の機体の威力

大口径化が進む搭載銃

昭和十六年（一九四一年）十二月八日、日本は米英に対し宣戦布告し、太平洋戦争に突入した。海軍航空部隊はハワイ・オアフ島の真珠湾を攻撃し、主要な米艦船を血祭りにして大きな戦果を挙げ、日本本土はその勝利にわいたものである。

一方陸軍は南方攻略をめざし、イギリスの極東基地・香港を落とし、続いてシンガポールを攻め、米軍の守備するフィリピンのマニラを落とし、コレヒドールの要塞を陥落させた。

太平洋戦争の空中戦では、陸軍の航空武装は口径一二・七ミリのホ一〇三を一式戦闘機に装備して偉功を奏し、やがて陸軍機のほとんどがこのホ一〇三で武装するようになった。

しかし、戦争の推移につれ航空部隊も南方の戦場ニューギニアに進出すると米軍機の攻撃も激しくなり、装備しているホ一〇三では威力不足を感じ、とくに敵の爆撃機のB－17を撃墜することが非常にむずかしくなった。そのため第一線に展開する航空部隊は、二〇ミリまたはそれ以上の口径砲を熱望した。

これよりさき、陸軍の航空技術研究所は航空機の搭載火器が将来、小口径から大口径の方向へと進むであろうと予測し、技術研究所の第五部（航空機搭載銃砲に関する研究）に命じて、ホ五と称する口径二〇ミリの搭載機関砲を造兵廠の反対を予期しながら、民間工場に委託して試作を開始していた。

ホ五は、反動利用の砲身後座式で、重量約三五キログラム、初速七五〇メートル／秒、発射速度七五〇発毎分、弾丸重量八五グラム、製造も容易で、二〇ミリ機関砲としては外国製のマウザーやイスパノに比較してひけをとるものではなかった。

したがって航空機の主装備もなるべく速やかに一二・七ミリから二〇ミリへと進むべきであったが、陸軍の上層部も関係者もまだ一二・七ミリ機関砲に固執し、また航空武器・弾薬の製造は兵器行政本部系統の機関で行なわれていた関係もあって、急速には進まなかった。結局昭和十七年末になって、陸軍造兵廠はようやくホ一〇三の生産を減して、ホ五の生産にふみ切った。

ホ五を最初に装備したのは、三式戦闘機、四式戦闘機および四式重爆撃機で、実際に配備されたのは昭和十九年頃であった。そして戦争の進展につれ、敵の大型機を撃墜するため、大口径の航空火器の開発に力を入れるようになった。そのきっかけとなったのは二式複座戦闘機「屠龍」の開発にあった。

川崎キ－45の開発

二式複座戦闘機の前身であった〝川崎キ－45〟から話を進めよう。

一九三〇年代後半に、欧米諸国とも時代の流れと共に高速化した双発戦闘機を開発するようになった。わが国でも陸海軍が注目し、これの製造と研究に目を向け、昭和十二年（一九三七年）三月、川崎航空機に対し、双発複座戦闘機兼用の地上攻撃機の研究設計を命じた。当時この機はキ－38と呼ばれたが、試作にいたらず、このキ－38を基にあらためて、双発複座戦闘機キ－45の試作を命じられ、昭和十三年一月からキ－45の基本設計を行なうこととなった。

その用途指示大要は、次のようなものであった。

主目的＝主として爆撃機と協力し、敵戦闘機の攻撃に対応する。

形式＝双発単葉複座機

発動機＝ハ20乙

性能＝常用高度二〇〇〇から五〇〇〇メートル、最大水平速度五四〇キロ／時／三五〇〇メートル、航続時間全速で三〇分プラス巡航速度三五〇キロ／時で四時間四〇分。

武装＝固定機関銃二、旋回機関銃一、固定機関砲一。

キ－45は一応地上攻撃機という名称を与えられて設計に入ったが、当時海外の航空技術が急速な発達をとげつつあり、その性能も向上した時期であったので、陸軍でもその発展についていかなければという思いがあったと推測される。

当時戦闘機についても、従来のような旋回性能に重点をおくのが良いか、または速度に重点を置く方が良いかが論議の対象となった。その用途も、戦闘機同士の戦闘を主眼におくか、あるいは地上目標に対する爆撃を第一にするかで、その性能や装備する武装に対する考えが大きく変わってくる。

これらの意向が各部門から出されたが、いずれにしても陸軍では高速度武装という重戦闘機をめざすことになり、ただちに結論を出すことはできないが、とにかく研究機を試作して実地に使用検討しようという考えが強くなり、地上攻撃機としてキ－38から発展させたキ－45の試作が昭和十二年十二月に正式に決定した。

キ－45は、キ－38の研究を基にさらに進ませた形式の機体で、その後改造を経て複座戦戦闘機「屠龍」となったものの原型である。

対戦車兵器の搭載

川崎キ－45

昭和十三年一月、川崎航空機はキ－45の基礎設計を行ない、同年十月に設計完了、ただちに試作に入り、十四年一月には早くも第一号機を完成させた。キ－45は川崎はもちろん、日本でははじめての双発戦闘機であったため、製作には空気力学上に多くの難問があったが、なんとか完成し、第二号機もこれに続いた。

キ－45は当初、地上攻撃機として開発されたため、その武装に新しい試みが設置された。それは機関砲と新考案の後方旋回銃架の採用であった。双発戦闘機の威力向上として二〇ミリ機関砲が候補にのぼった。

これは当時陸軍で航空機用とは別に開発した地上用の機関砲で一つは九七式二〇ミリ自動砲で、もう一つは九八式高射機関砲である。九七式自動砲は口径二〇ミリの対戦車用として製作されたもので、弾倉は箱型の一五発入りを装備していた。この二〇ミリ砲は歩兵二名が運搬には重機関銃のように、直接手にもって運べるという軽便機関砲で、昭和十二年に開発され対戦車砲としては陸軍の期待するものであった。

当時日本は日華事変に突入し、中国大陸に兵を進めていたが、地上部隊には九七式自動砲がまだ配備されておらず、その威力も実戦では発揮されていなかった。陸軍技術本部がこの自動砲を航空用として提供したのは、これを生かすチャンスと有能さを求めたものであろう。

キ－45はこの対戦車砲を装備するため機体に改造をくわえた。自動砲は対戦車砲として製作した兵器だけに重量もあり、またその機関部も長かった。川崎では自動砲を装備するため胴体下を改造し、そこに自動砲をおさめることにした。

当時、キ－45の設計にあたり、その製作にもたずさわった川崎航空機の井町勇技師は、次のようにそのいきさつを述べている。

「キ－45の機関砲として与えられたものは、対戦車用の二〇ミリ砲（九七式自動砲）である。機体の設計上、どうしても胴体の下部に取りつけるより他に適当な場所がみつからないが、何しろ飛行機用として作られていないものを飛行機に装着するのであるから、ひどく苦労した。

重量は重く、いやなところに大きな出っ張りがあるし、改造を申し出ても、火器に知識のない飛行機屋と飛行機に経験のない武器専門家との交渉はなかなかうまく焦点が一致しない。後に大きな大砲も航空機用として大いに発達したと思うが、当時はこのような状態であった。

機体に装備設計ができ上がってみると、自動砲の砲口は操縦者のお尻の後下方にあることになる。それに当局から暴発に備えて胴体下部の弾道にあたる部分に五ミリの防弾鋼板を張

キ－45の胴体下部に装備された九七式自動砲

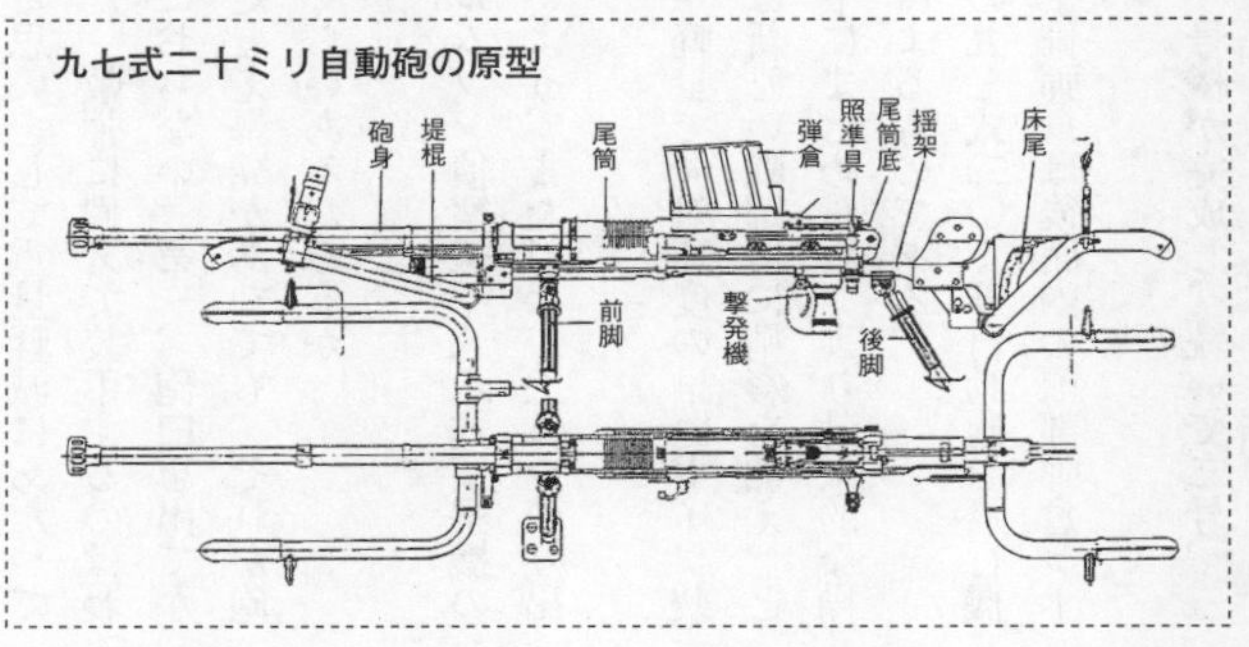

ってくれとの要求が出た。機体構造については、骨身を削る思いをして重量軽減にあたっている我々として、これは相当の重量になるのではたと困った。敵弾に備えて装甲するのはわかるが、自分で発射する弾のために装甲するのはどうも腑におちない。第一、砲口を出てから暴発するおそれのない砲弾を作ってあれば問題ないし、たとえ暴発があっても、それが砲口から一メートルばかりの間に起こる確率ははたしてどのくらいあるだろうか」

キ－45の後方銃座は、高速を主眼とする機体であり、サルムソン偵察機や八八式偵察機のような砲塔形式の後方旋回銃架は空気抵抗に問題がならないよう、また射手が上体をのり出して射撃するのでは、高速気流の風圧に耐えられなかった。

そのためキ－45には新形式の銃座を設計した。機関銃は、軽量で発射速度の早いドイツ製のラインメタル七・九二ミリを試用したが、機関銃の装備は新しい戦闘機に精彩を加え、とくに後方旋回銃架は、風圧から射手を守るためにコンパクトにまとめられ、より効果的な操作ができるのが特徴であった。この銃架は川崎独自の設計によるものである。

また胴体下部右側より装備した二〇ミリ機関砲は、陸軍の九七式二〇ミリ自動砲を飛行機用に改造したもので、ドイツ式の双ドラム式弾倉を持ち、予備弾倉は後席内の前部弾倉ケースに四組が入るように収められた。

キ－45試作戦闘機は設計開始からちょうど一年目に試作一号機が完成し、続いて二号、三号機が組み立てを終了した。三号機が完成したのは十四年五月であった。

高射機関砲の採用

キ－45の最初の設計時の目的用途は、〝主として爆撃機と協力して敵機の攻撃に使用する〞となっていたが、途中から陸軍の方針が変わり、「対地上戦にも使用攻撃機」という方向へと転化して、装備強化の一端に対戦車用の九七式自動砲を備えることになったのは前述のとおりである。

しかしキ－45試作機のテストを重ねるうちに、地上攻撃用よりも最初の目的である爆撃機援護の方向へと少しずつ転化をして行くことになる。これらのいきさつは不明だが、当初機体に装備した二〇ミリの九七式自動砲はやや重く、その構造も対戦車砲として開発されたもので、キ－45の胴体下部に装備し、これを操作するには難点が多かったようである。

陸軍が次に選んだ二〇ミリ機関砲は同じ地上用兵器ながら、対空用の九八式高射機関砲であった。この二〇ミリ対空機関砲は「ホキ砲」と呼ばれ、昭和十三年に制式採用された高射機関砲である。

この九八式機関砲は同じ地上兵器ながら、対戦車用の九七式自動砲よりも機関部はずっと軽く、ガス利用空冷式で砲口には自動砲と同様な制退器がついていた。

初速も自動砲の八七〇メートル／秒に対し、九八式高射機関砲の方は九〇〇メートル／秒という速さであり、その装備弾薬は曳光榴弾、時限榴弾、徹甲曳光弾と自動砲よりも多く、軽量のためかトラックや装軌車に装備して、ノモンハン事件に参加、ソ連の航空機撃墜にも実戦の体験を持つ兵器であった。

キ-45の使用目的が対地上戦よりも対空戦に重点がおかれたため、試作中のキ-45には九七式自動砲よりも、対空用の九八式ホキ砲がかわって選ばれることになった。

このホキ砲の略称は、ホチキス系の機関砲の意味で、ノモンハンでは対戦車戦にも使用できたという。九八式高射機関砲の形状は自動砲と同じ様に直銃身と機関部からなり最大射程は対空で一〇〇〇メートル、対地では六三〇〇メートルとデータにはある。自動砲と比較してもずっと軽量であつかいやすく、陸軍ではただちに航空機搭載用に改良し、「九八式高射機関砲改」として採用することになった。

キ-45の二〇ミリ・ホキ砲搭載には、初期試作と同様に、胴体下部に収まるように設計され、その部分は九七式自動砲の時とそう変わることはなかった。改良にあたって、二〇ミリ弾を装備していた長い箱型の弾倉はラインメタルのMG15の弾倉を参考に五〇発入りのドラム弾倉二個で、キ-45の胴体下部に収まるよう改良された。

キ-45の胴体下部に収容された九八式機関砲改にはむき出しの機関部をかくす基部にカバーをつけたが、これは自動砲の時にも採用されたもので、機体の空気抵抗を考えたものであろう。

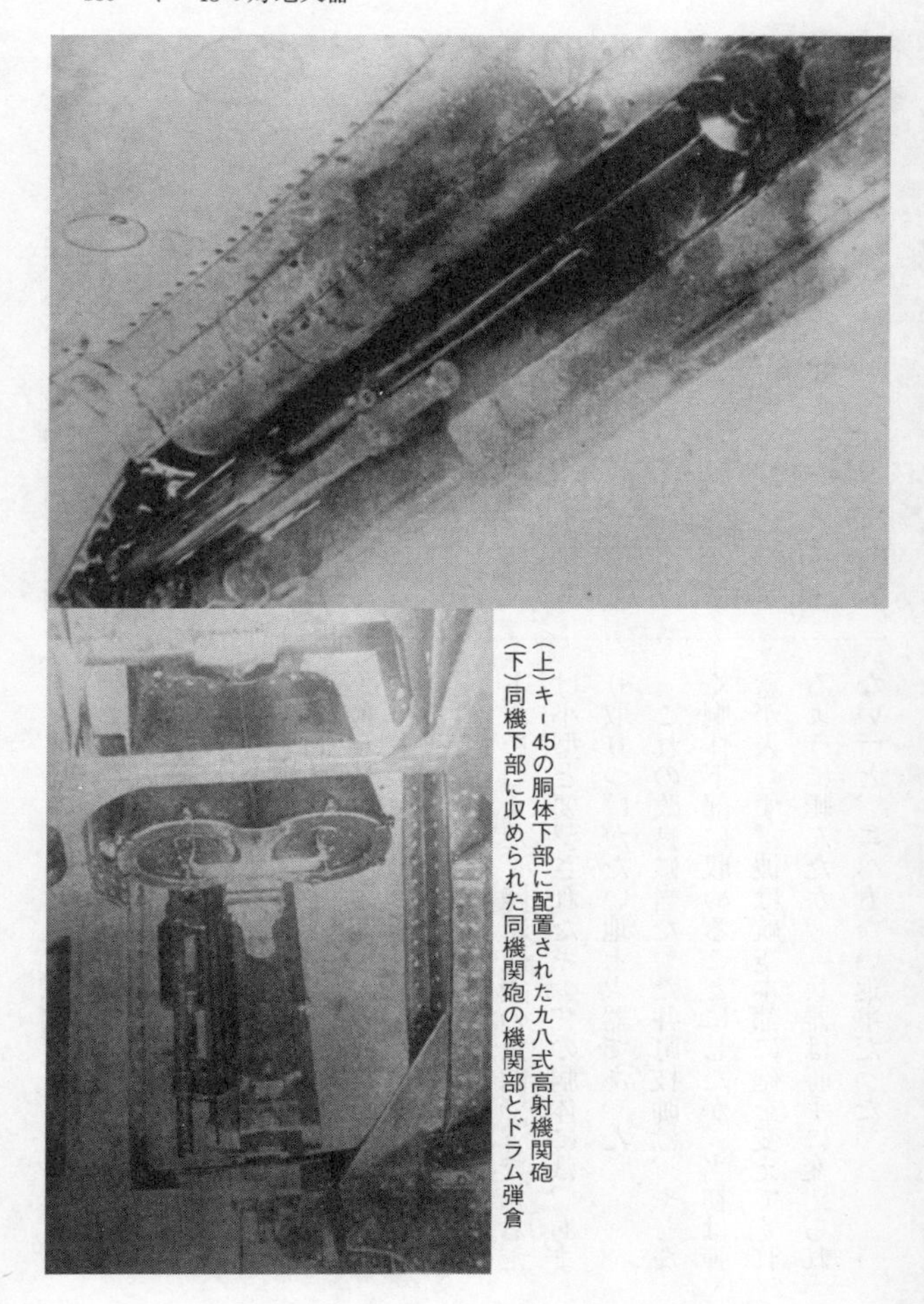

（上）キ－45の胴体下部に配置された九八式高射機関砲
（下）同機下部に収められた同機関砲の機関部とドラム弾倉

九八式二十ミリ高射機関砲の原型

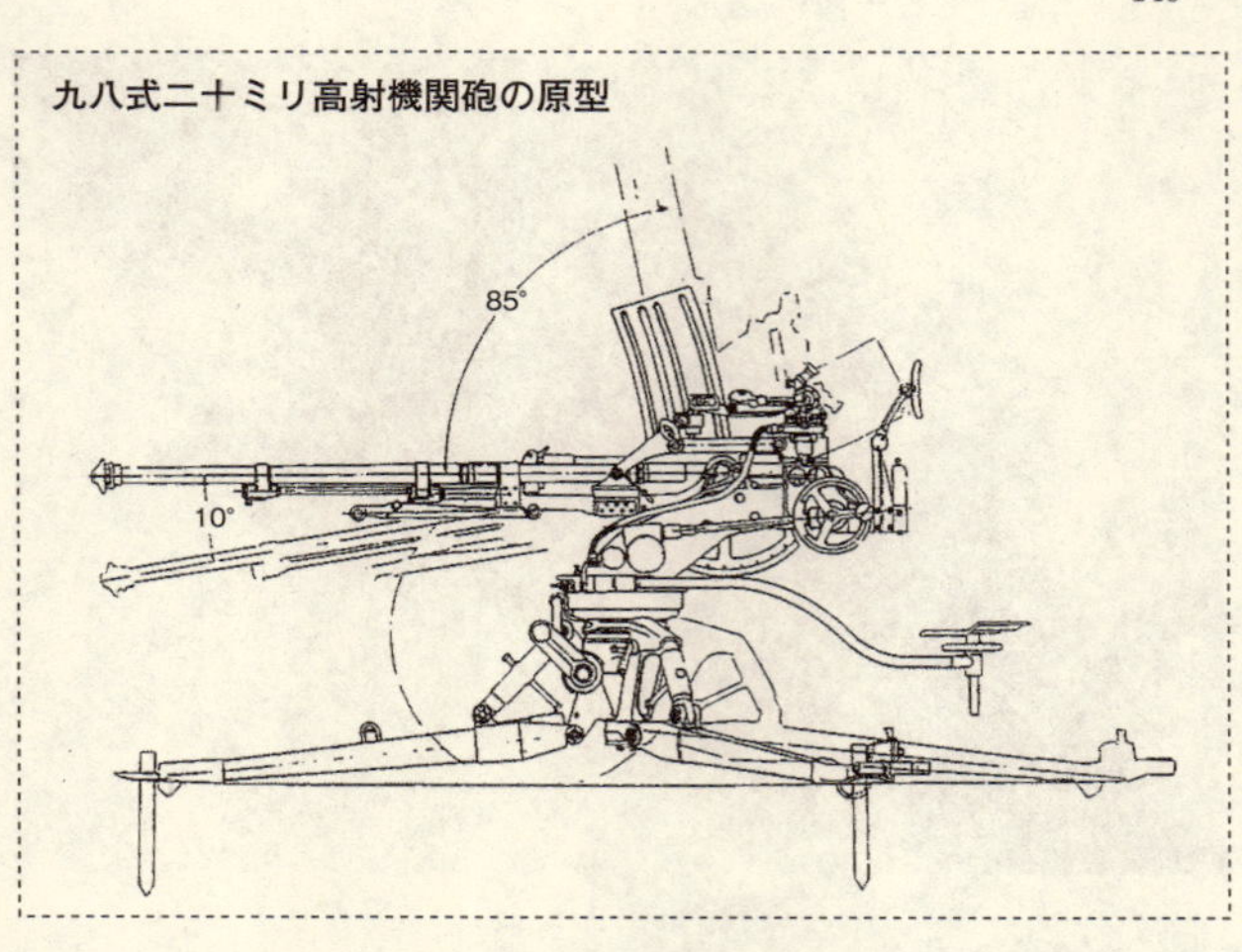

キ－45の武装として搭載した、九七式自動砲および九八式高射機関砲の二〇ミリ弾の威力はどうであったろうか。この射撃テストでは、陸上用の対地・対戦車用として作られたものだけに威力は絶大であった。ただしその衝撃は大きく、航空機用としては緩衝装置の改善と発射速度の向上が望まれたという。

キ－45に装備した二種の機関砲は、砲身長だけでも一・二メートル、全長は一・七メートルをこえた。陸軍航空の意向で、できるだけ小型と要望されたキ－45の胴体には、あまり取りつけがたい地上火器であった。

これの改良に当たった井町技師は、やむなく胴体下部に収めることにしたが、当初は弾倉が入らず、彼は航空本部に砲を変えてくれるように頼んだが、「兵器は勝手に変えられない」と、ニべもない返事だった。

機関砲は陸軍の小倉工廠で作られたものだけに、当時地上・航空火器全般を陸軍技術本部が握っていて、航空兵科の判断では勝手に直せない、という不利な点があった。

ともあれ、キ－45の胴体下部に機関砲を装備したことで、砲口は操縦席の下方にあり、万一のことを考えて暴発時の被害を極力さけるため機体重量の増加をしのんで、弾道部分を五ミリ厚の鋼板でおおうことにした。

また、キ－45の機首上部に装備の機関銃二梃は、ラインメタル製の七・九二ミリＭＧ17を改良した固定機関銃が配置された。機首の固定機関銃の装備にあたった吉原技師は、かつて実戦での九五式戦闘機の送弾不良を修正したこともあって、弾倉を改良した経験をふまえ、弾の流れをスムーズにするよう、キ－45の弾倉内に斜板を挿入した。

その後、ラインメタルＭＧ15、およびＭＧ17は昭和十五年に国産化となり、九八式固定機関銃、旋回機関銃の方はこれも九八式旋回機関銃として制式となった。しかし、後にはドイツと同じ良質の複座バネが国産化できず、この固定機関銃は試作のみで配置されたようである。

結局キ－45は、試作双発複戦が六機、次の第一次性能向上機が昭和十五年九月の段階で四機と試作だけに終わり、その名称をキ－45改二式複戦「屠龍」として新たに生まれることになった。

屠龍の大口径砲

●対四発重爆撃機戦を主任務とした機体に載せられた戦車砲

実用的な機体として

陸軍機で「屠龍」という名で知られる二式複座戦闘機は、キ－45ではなく、「キ－45改」と呼ばれた機体であり、実質的にはキ－45とはまったく別機といってよい。

すなわち前機であるキ－45の不採用が決定した直後の昭和十五年（一九四〇年）十月に陸軍は川崎航空機に対して、キ－45を基礎とした第二次性能向上機の試作を命じた。当初、川崎でもそれより早い昭和十五年八月に、キ－45の将来性に見切りをつけており、設計主務者であった井町技師から土井武夫技師に変更し、キ－45改の開発に着手したのであった。

土井技師は前に設計を手がけたキ－48双発軽爆撃機が成功をおさめ、九九式双軽爆撃機として制式化され生産に入った直後であったので、やや手があき、キ－48の経験を生かしてこのキ－45改の設計を行ない、昭和十六年五月に設計を終わり、同年九月にはキ－45改の試作一号機を完成させた。

キ-45改の試作原型機は三機製作された。装備した発動機はキ-45と同じハ25であったが、前機キ-45の大きな欠点とされたナセルストール防止のため、ナセルの主翼に対する位置を低くし、カウリング上面のカウルフラップを除いてある。

主翼の平面形は一変し、キ-45の楕円翼が直線テーパーとなり、翼面積も約三平方メートルと大きくなった。胴体と尾翼はキ-48に似た簡素な形状となり、より生産性を重視した構造に改められた。ただし、キ-45の独特な後方銃座はそのままの形式が採用された。こうして、キ-45改は前機キ-45と比較して性能も安定性もよく、実用性を重視した機体となった。

キ-45改の試験飛行は良好で、性能や操縦安定性にもすぐれ、間もなく二式複座戦闘機として制式採用が決定した。そして昭和十六年九月から岐阜工場で生産に入り、同時に明石工場でも本格的量産の準備となって、十七年初めから明石工場で生産が開始されて、キ-45改の第一号機はこの工場で完成した。生産数は試作機三機をのぞいて岐阜工場では三二〇機、明石工場では一三六七機を製造し、二十年の終戦近くまで生産とその改良が行なわれていた。

「屠龍」各型と武装

制式化されたキ-45改は通称「屠龍」と名付けられた。当時の陸軍航空の考え方は、戦闘機を双発と単発の二種類に分けて採用しようという考え方があって、同時期に中島航空機のキ－44が「二式単座戦闘機」として採用となっている。

キ－45改の武装は前機キ－45の武装と同様に、機首に一二・七ミリ機関砲二門、胴体下に二〇ミリ機関砲一門、機上に七・七ミリ旋回機関銃が一梃であったが、激化する空戦の変化によって甲、乙、丙、丁の四種類に区別され、また機体の改装と共に実験用や襲撃用をふくめて数種のバリエーションがあった。その主なものは次のものである。

●キ－45改（甲）

機首上面に一式一二・七ミリ固定機関砲ホ一〇三を二門、胴体右下面に試製二〇ミリ固定機関砲二型（ホ一〇三）を一門、後部席に九八式七・九二ミリ機関銃一梃を装備した最初の生産型で、機首が丸みを持ち上面に二門の銃口が突出していて、前端に着陸灯がついている。この型には後に改装し、武装にも変化があったといわれている。

●キ－45改（乙）

機首に二〇ミリ砲一門、胴体右下面に二〇ミリ砲を三七ミリ砲に換装した武装強化型で、後部の九八式旋回機関銃はそのまま装備された。二〇ミリ砲はホ五で三七ミリ砲は九八式三七ミリ機関砲（ホ二〇二）であったが、昭和十八年六月以降にはホ二〇三が使用された。乙型は甲型よりやや機首が延長され、機首先端やや下に二〇ミリ砲身が突出ている。

●キ－45改（丙）

当初この機は機首に武装はなかったが、後に機首砲を三七ミリ砲装備、胴体右下面の砲を二〇ミリ砲としたタイプで、後部の旋回機関銃は同様に装備されたが、中には後方武装もない機体もあったという。機首がやや細長くなっているのが特徴である。後で防空部隊で使用されたため、前後席間の風防上面に二〇ミリ上向き砲二門を装備、本土防空戦でも使用され、「二式襲撃機」などと呼ばれた。

●キ－45改（丁）

この機はキ－45改（丙）の改装機ともいい、機体前後席の中間の胴体上面に二〇ミリ上向き砲を二門追加したもので、キ－45改（丁）とも呼ばれている。上向き砲はホ五が使用されており、後部の旋回銃を廃止し、夜間防空戦闘機として活躍した。

キ－45改に装備した武装のうち、上向き砲は海軍の「斜め銃」にあたるもので二〇ミリ砲二門を前上方に向けて固定し、敵爆撃機の死角である後下方から有効な攻撃をあたえるため考案され、昭和十九年から実用化された。

上向き砲は当時英空軍でも試験されたといい、陸軍での実用化は海軍よりおそかった。しかし本土の空を飛ぶ夜間のB－29迎撃用には非常に有効であり、なお初期にはキ－45改

（上）機首先端に37ミリ機関砲を装備したキ－45改乙
（下）背に２門の20ミリ上向き砲を搭載した屠龍

（甲）にも一二・七ミリ機関砲二門を上向きに装備した夜戦型もあったといわれる。

　またキ－45改の胴体右下面の固定砲は外から着脱可能であり、とくに戦争末期に本機の上昇性能不足がさけばれるようになると、胴体下面および後方の旋回機関銃をやめ、機体には上向き砲のみ配置した機体が多かった。

　なおこれらの生産型以外にも、各種の武装

が実験され、中には敵の艦船攻撃用として丁型の胴体下に七五ミリ砲一門を装備した機体もあったが、この砲の発射試験の結果は不良であったといわれ、本格的な装備にはならなかった。

また夜間戦闘機として電波標定機（レーダー）装備も試験され、機首も延長して木製枠組みにプレキシグラスという、透明風防のような外観の独特なレドームを持つ機体も試作されたが、生産にいたらなかった。

●戦車砲装備

キ-45改「屠龍」に戦車砲を搭載したという話がある。そのいきさつは次のようなものであった。

昭和十七年十二月中旬、陸軍の第六飛行師団の飛行第十一戦隊がラバウルの西飛行場に進出した。その年の末、十一戦隊の一式戦闘機三機が偵察に飛来したB-17一機に多数の命中弾を与えたものの取り逃がしてしまった。翌日、やはり単機の敵を一式戦九機が追撃したが、これも撃墜することができなかった。

陸軍航空部隊の苦戦を報告された陸軍中央部は、これの対抗策のため陸軍省軍事課を中心に航空本部や兵器行政本部で構成した「B-17対策委員会」を設置した。対策委員会では応急的処置として、空中炸裂のタ弾などを考えたが、これを敵機に命中させるのが困難で、確

屠龍の胴体下部に装備された九四式戦車砲（「陸軍航空工廠」より）

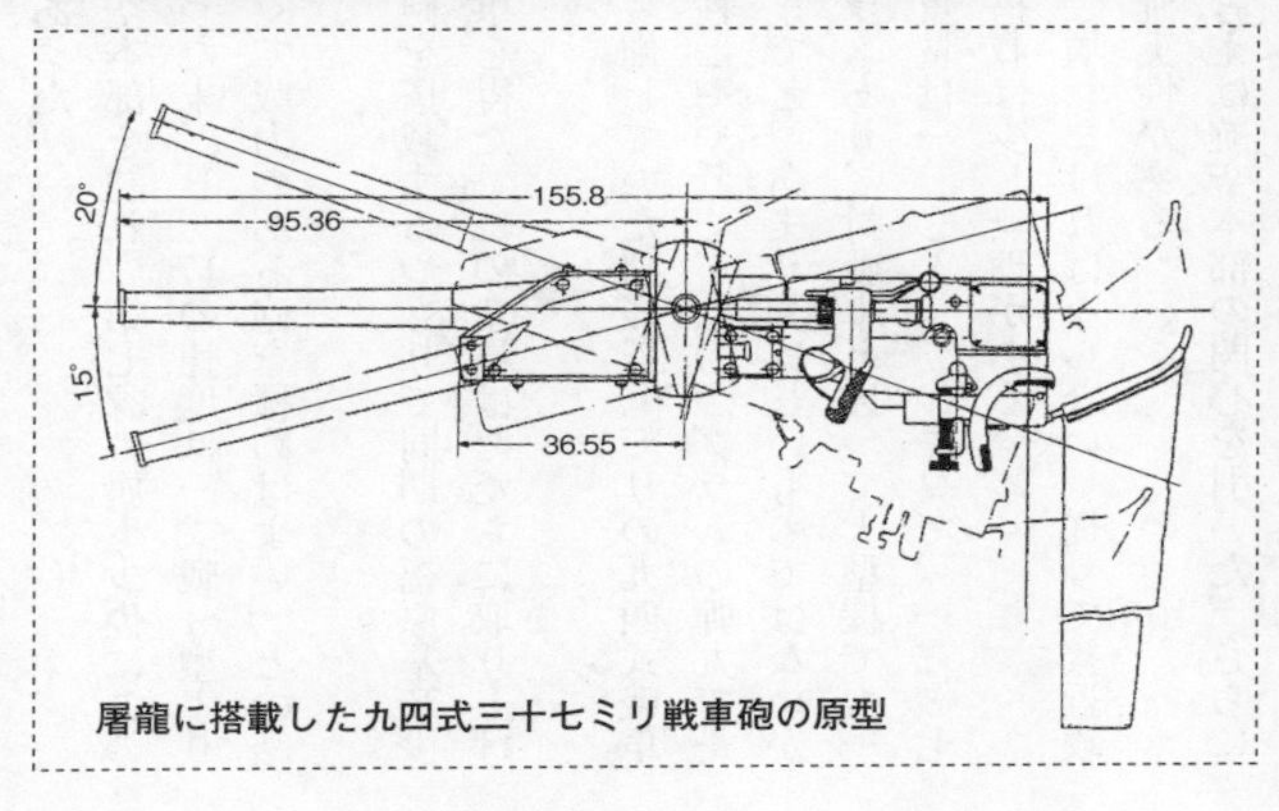

屠龍に搭載した九四式三十七ミリ戦車砲の原型

実に効果を期待できるものは大口径の威力ある砲であった。

委員会に参加した参謀本部の久門中佐は陸軍の航空本部を訪れ、第七課の旗生少佐にこの難問をぶっつけた。これに対し旗生少佐は構想をねった末、B-17の速度は一式戦一型より速い。これに対抗するためには「もっと早い機に軽くて威力のある砲を積めばよい」との結論を下した。

当時、最速の機種は百式司偵であり、これに速射砲を搭載するつもりで同期の福原基彦少佐に相談すると、「それなら戦車砲が良い」との返事を得た。この意見はただちに取り上げられ、航空機に異例の戦車砲搭載の話が実現した。

航空機は百式司偵二型、搭載砲は九五式軽戦車に装備していた口径三七ミリの九四式戦車砲である。九四式戦車砲の初速は五七五メートル/秒とやや低く、七〇〇グラムの弾丸で一〇〇メートルの射距離からの貫通力は二五ミリ鋼板までと、あまり芳(かん)ばしいものではないが、弾丸重量は二〇ミリ・ホ三の二・四倍近い七〇〇グラムあり、対戦車と違って大型機でも一発で致命傷を与えることができる。九四式戦車砲の重量は一二〇〜一三〇キロで、一二・七ミリ機関砲の約五倍強で、双発機の胴体でなければ搭載は少し無理がある。

戦車砲のため連発機構はなく、一発射てば直ちに装填しなければならない。従って接近攻撃で必中を期すことになるが、体当たり攻撃よりは確実性がある。

この旗生少佐の「戦車砲搭載の百式司偵」という考えは航空本部の関心を引いた。さらにこの砲を双発戦闘機「屠龍」に積んでみたらという話が出るのは当然のなり行きであった。

戦車砲から機関砲へ

百式司偵に戦車砲を搭載する状況から、二式複座戦闘機に変わるいきさつを「陸軍航空工廠史」には次のように書かれている。

「三七ミリ戦車砲を三菱のキ-46〝新司偵〟に搭載する改修は航空廠支廠で行なわれた。B-17、B-24を低高度で迎撃するにはキ-46ほどのスピードを要せずキ-45改で充分であり、また戦車砲は機関砲でなく、一発ずつの弾ごめであるため、複座戦闘機『屠龍』では後部座席の射手が行なえばよく、一方キ-46では胴体先端に戦車砲を取りつけたから、操縦士が砲の操作と弾ごめを行なわなければならなかった（この体験が後になって生かされ、偵察機から防空戦闘機が生まれB-29迎撃のためキ-46Ⅲとなって活躍した）。

さらに〝戦訓改修機・『屠龍』〟として、昭和十七年十二月三十一日、航空工廠の瀬川義雄技師は、上層部から緊急命令を受領した。三七ミリ戦車砲をキ-45改・二式複座戦闘機『屠龍』に搭載せよと云うものであった。しかも一週間以内という緊急作業では正月休みどころではなかった。

南方の第一線に配置されている陸軍の戦闘機の機関銃や機関砲ではB-17やB-24は撃墜できないとの説明があった。B-17やB-24の燃料タンクは外殻が二ミリのアルミ板で作られており、内にゴムタンクが入れてある構造であった。ゴムタンクは一番外側が約三ミリ厚の馬の皮で覆われ、一番内側は人造耐油ゴム層で、その中間に生ゴムやスポンジゴム等の層があり、厚さは二〇ミリであった。燃料タンクは捕獲機から入手した。

射撃効果テストでは、一二・七ミリのホ一〇三で射撃したところ、アルミ板には比較的大きな穴があくが、ゴム層は小さな穴があくものの生ゴムは溶けて穴をふさぎ燃料洩れは起こさなかった。また二〇ミリ弾でも発火しにくい頑強なものであった。ところがこれを三七ミリ戦車砲で射撃をすると燃料タンクは完全に破壊した。

この威力ある射撃実験を審査部で目にした瀬川技師、鈴木清二中尉等はただちにキ-45改の改修設計に着手した。キ-45改は前機キ-45と同様に二〇ミリ機関砲搭載のための設備が胴体右下腹部に施こされており、これを利用して九四式三七ミリ戦車砲を改修して取りつけた。配置の電気部品は審査部へ搬入の途中で配線し、指示通り納入を完了した。キ-45改での三七ミリ戦車砲改の射撃試験も良好であった」

こうして「屠龍」の改修を引き続いて行なうことになり、昭和十八年六月までに二〇機、十月までに六五機の改修を完了し、南方第一線に送り出した。のちにニューギニア戦線より「屠龍」が飛行場上空にいると米軍機は近寄らなくなったと伝えている。

「屠龍」に三七ミリ戦車砲搭載の改修作業が行なわれている一方、航空工廠ではさらに径の

屠龍の機首に装備したホ四〇二航空機関砲

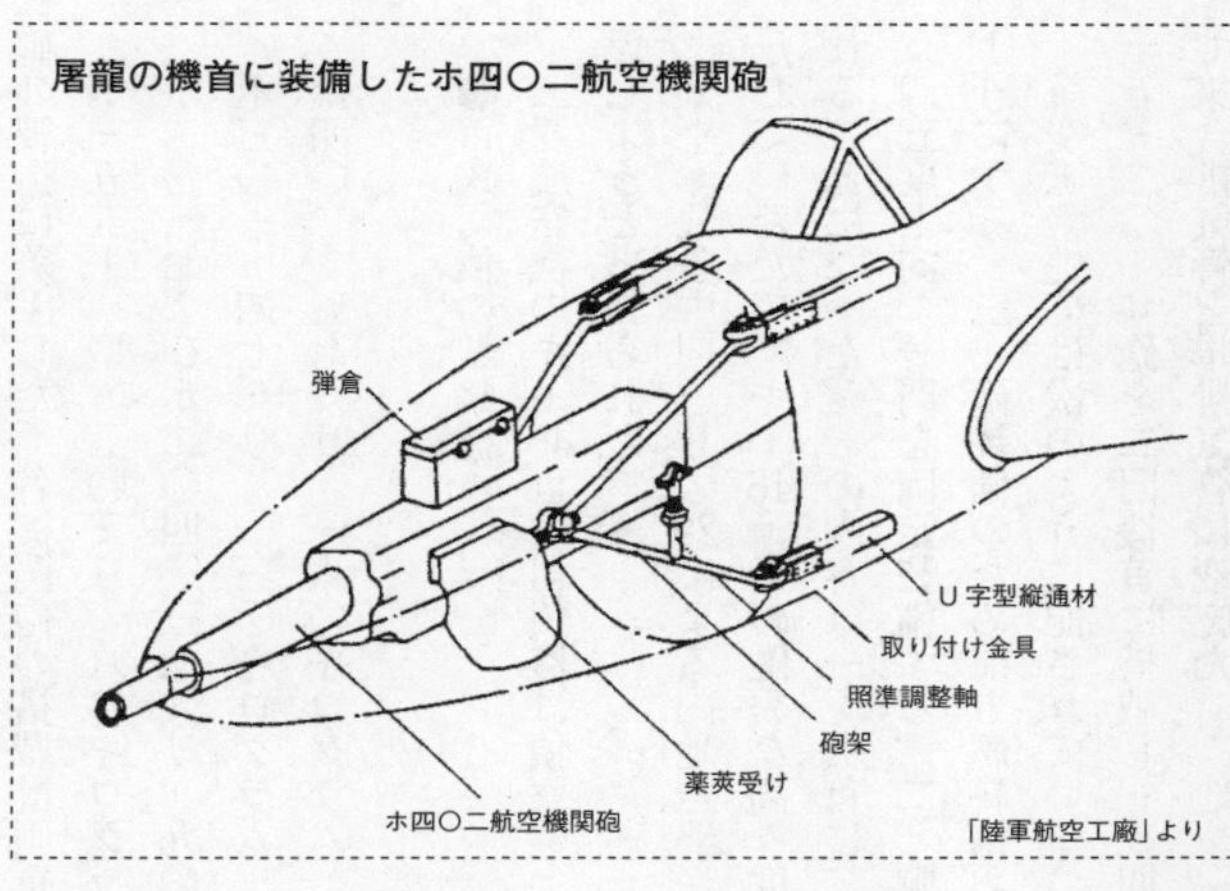

「陸軍航空工廠」より

大きなホ四〇二・五七ミリ機関砲を同じく「屠龍」に搭載する改修指示を陸軍から受けた。

これは家田文太郎中尉、吉野中尉が担当し三七ミリ戦車砲に準じて設計に着手した。ホ四〇二は三七ミリ戦車砲と比較して大きくかつ重く、取り付け部分の強度、機体胴体の延長方法、空薬莢の収納など多くの問題があったが、苦心の末昭和十九年九月に試作が完了した。

審査部ではこれの実験のため急降下射撃が行なわれ、その結果は良好で五七ミリ砲の威力は強大であった。その後数回の射撃試験が実施されたが、一方ではホ四〇二は搭載弾丸が九発と少なく、これと初速や発射速度などもともに遅く実用に向かないことが判定された。

しかし、その後B－29による本土空襲が熾烈となった昭和二十年一月、熱田製造所は上層部の命令によりふたたびホ四〇二・五七ミリ機関砲の製造に着手した。各機関砲の搭載計画重量は次のとおりであった。

ホ一五五—一型　三〇ミリ　八〇キログラム
ホ二〇三およびホ二〇四　三七ミリ　九〇キログラム
ホ三〇一　四七ミリ　一三〇キログラム
ホ四〇二　五七ミリ　一六〇キログラム

●百式司偵の迎撃機

三菱航空機のキ-46百式司偵機は偵察機として高名である。この機を利用して米軍機を迎撃しようと考えられた。

太平洋戦争中期、B-29による内地空襲が予想されたが、当時迎撃する高々度戦闘機が不足していたため、キ-46-Ⅲの優秀な高々度性能を買って防空戦闘用の武装強化型が開発されることになった。その内容は一、機首に二〇ミリ砲二門、同乗者前方に三七ミリ上向き砲(四五度上向)一門を固定装備する。二、胴体下に五〇キログラム・タ弾を二個装備しうるようにする。三、砲装備のため前方燃料槽および偵察装備を取り途くであった。

航空工廠史では次のように記されている。キ-46-Ⅲ百式司偵機の防空戦闘機への改修はホ五・二〇ミリ砲を二門機首に搭載し、夜間戦闘のため消炎とロケット効果増速を目的として集合排気管を単排気管に変えた。

機首にホ五・二〇ミリ機関二門を装備したキ-46-Ⅲは乙防空戦闘機と称した。またホ二〇四・三七ミリ機関砲の上向き装備を行なった機は丙型防空戦闘機と呼んだ。

調布にあった独立飛行第十七中隊はキ-46-ⅡおよびⅢ型を一五〜一六機保有していた。B-29の攻撃戦法を研究し、模型を作って調査した所、後方七五度位が死角となることがわかり、中隊独自で七五度の仰角で上向き砲一門を取り付ける改造を行ない、Ⅱ型六機、Ⅲ型一機を完成した。

十九年末、北川中隊長および伊勢中尉は本機に搭載してB-29を攻撃し、これを撃墜したが、伊勢中尉機は被弾して再びかえらなかった。B-29攻撃にはこれら上向き砲が大きな効果を挙げた。

対空機関砲

●陸軍が海外の装備を購入しつつ試行錯誤を重ねたメカニズム

大正三年（一九一四年）にヨーロッパで起きた第一次大戦には、飛行機が航空兵器として戦場に出現するようになって各国の高射兵器に関する研究・開発が求められ、関心が深まっていった。

当時の高射兵器といえば、主に高射砲と高射機関銃であったが、その頃の高射砲はいずれも、最大時速一五〇キロで水平直線飛行を行なう飛行機に対する直接照準装置を備えていたという。第一次大戦末期の高射砲の命中率は、昼間に横行する敵機一機を撃墜するのに、約四〇〇〇発の弾を要したと伝えられている。

これはやや大げさかと思われるが、実際にはそれほど命中弾がなかったからであろう。

●ホ式双連高射機関砲

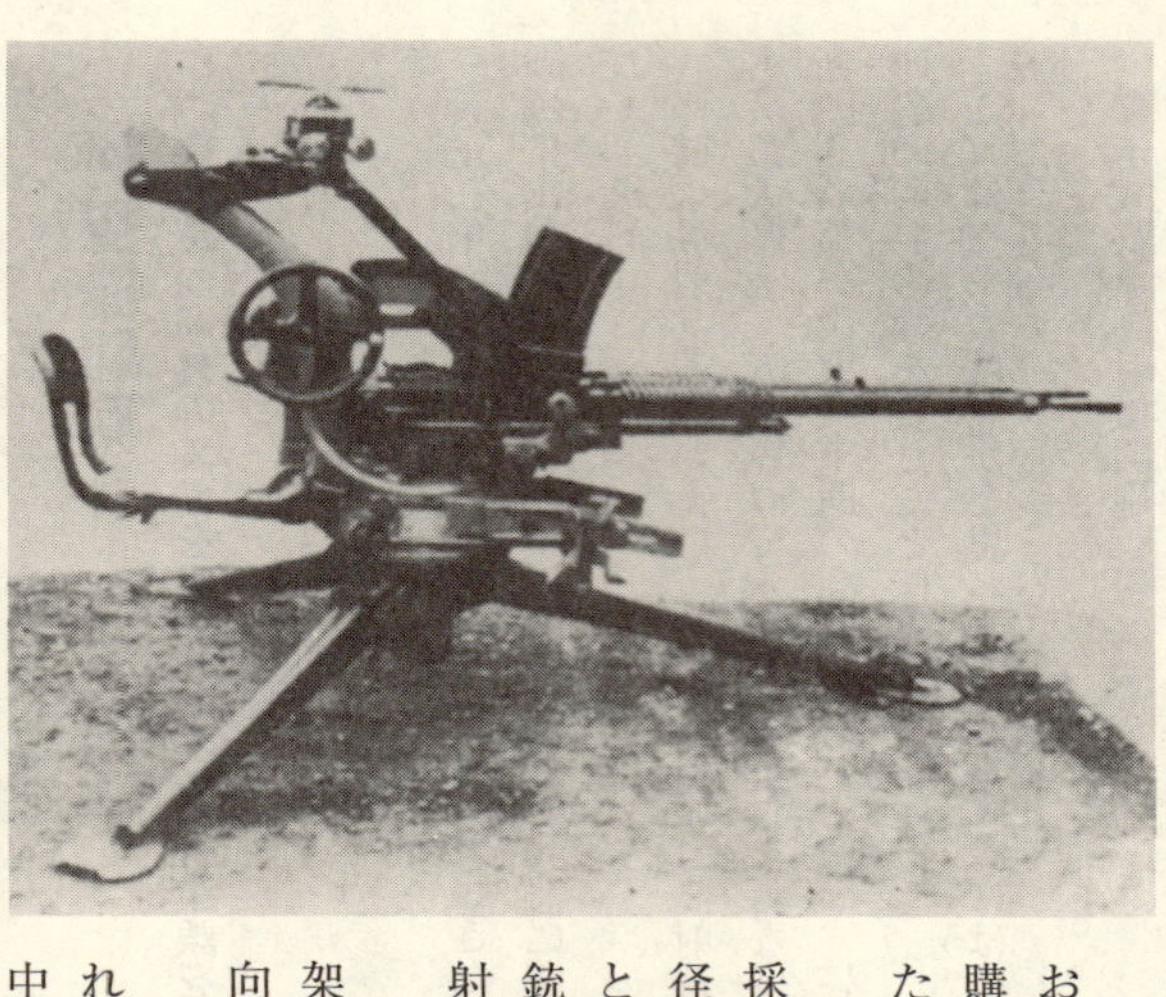
対空用照準具と三脚架を備えた保式双連高射機関砲

わが国の高射兵器、とくに機関砲の開発はおくれていて、フランスのホチキス機関砲を購入して装備するようになってから本格化した。

陸軍ではこの保式機関銃を防空兵器として採用することを定め、また明治四十年から口径一一ミリ以上を機関砲、それ以下を機関銃と呼称することを定めていたため、この機関銃の名称を「ホ（保）式十三・二ミリ双連高射機関砲」とした。

この砲は双連で対空用照準具を備え、三脚架で、射手はすわったままハンドルで上下方向、全周旋回も可能であった。

またホ式は砲架を固定式としたものも作られ、主に海岸防備とされたが、日華事変には中国の湖北作戦に展開して地上火器としても使用された。

九八式二十ミリ高射機関砲

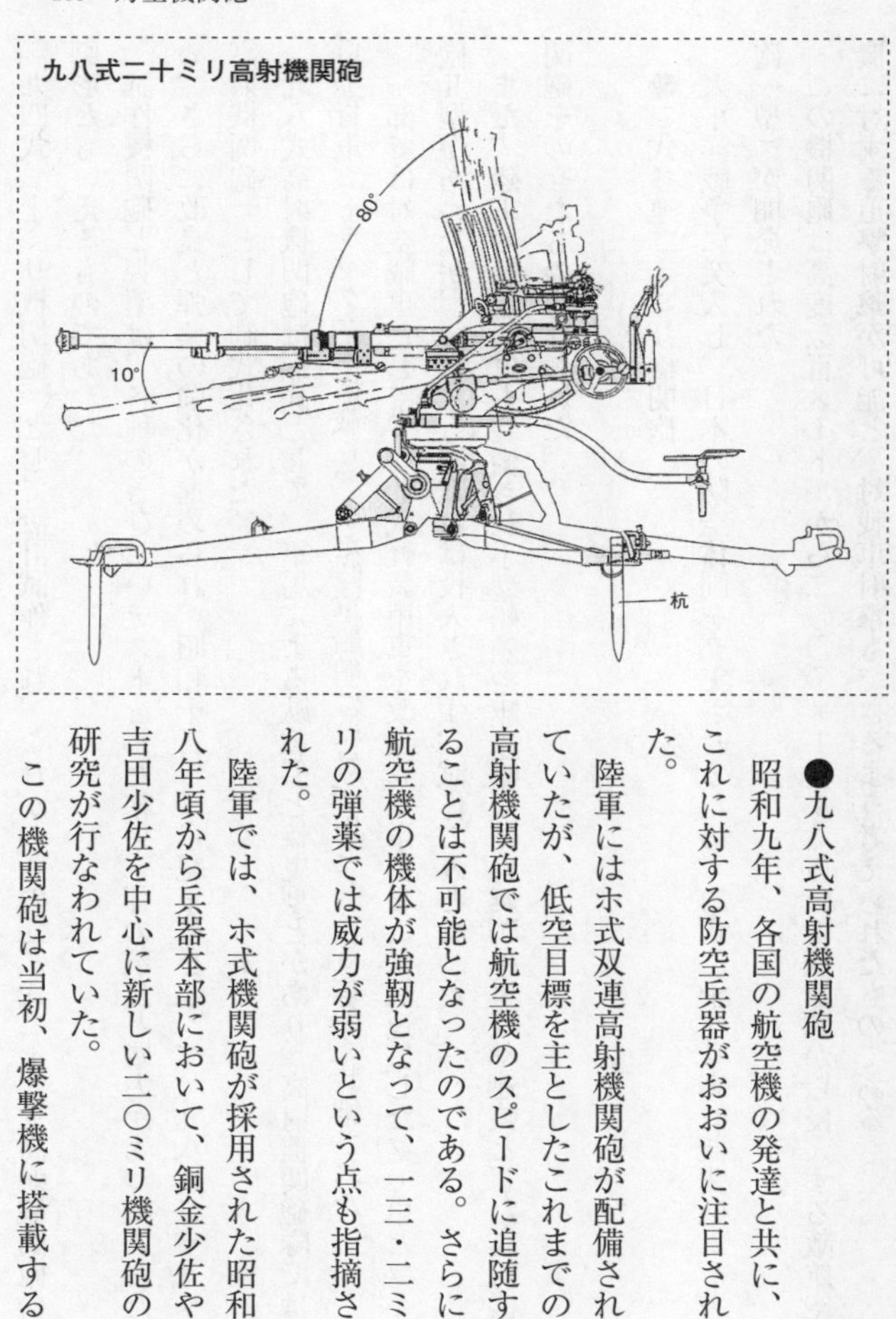

●九八式高射機関砲

昭和九年、各国の航空機の発達と共に、これに対する防空兵器がおおいに注目された。

陸軍にはホ式双連高射機関砲が配備されていたが、低空目標を主としたこれまでの高射機関砲では航空機のスピードに追随することは不可能となったのである。さらに航空機の機体が強靭となって、一三・二ミリの弾薬では威力が弱いという点も指摘された。

陸軍では、ホ式機関砲が採用された昭和八年頃から兵器本部において、銅金少佐や吉田少佐を中心に新しい二〇ミリ機関砲の研究が行なわれていた。

この機関砲は当初、爆撃機に搭載する

「九四式二十ミリ機関砲」として設計試作され、これがのちの九八式二十ミリ高射機関砲の原形ともいえるものであった。

試作機関砲と弾薬は、各種のきびしいテストをした結果、弾の不良と威力が劣っていたため、さらに改良と弾薬の強化が進められ、昭和十三年、皇紀年号をとって「九八式二十ミリ高射機関砲」として制式化された。

九八式高射機関砲は形式として、軍馬による駄載型と輓曳型とがあり、高射機関砲隊では自動貨車（トラック）に搭載し、また陸軍船舶には対空用としても数多く装備された。

一部では対空戦車として、九七式軽装甲車を改良して単装または双連にしたタセ車とソキ砲Ⅱ型があったが、いずれも実戦には投入されず、試作のみとなった。

また、陸軍の船舶兵にも装備され小型船舶や駆逐艇（カロ艇）に単装や連装とした高射機関砲をのせたものも作られた。

●二式多連二十ミリ機関砲

太平洋戦争に突入し、日本の防空体制を充実させるため、二式二十ミリ高射機関砲（ケキ砲一型）が開発された。

この機関砲は高度数百メートルから二〇〇〇メートルくらいの低空域から侵入する敵航空機に対する追撃射撃が可能と、対戦車射撃もできるよう考えられたものである。

上から二式多連二十ミリ機関砲、同機関砲の運搬姿勢、同機関砲の指揮具

ところが単装での火砲操作の場合、どのような早い操作でも多数の敵機が襲来した時には、これを確実に全機に対し弾幕を張ることは不可能である。

このことから砲そのものを改良せず、機関砲六門を一チームとし、一台の指揮車により電流ケーブルによって照準と六門をいっせいに射撃を行なえるリモートコントロール・システムを採用した。

二式機関砲の開発は陸軍技術本部の銃器班・銅金少将を長とし、前田利直中佐、星大尉などが中心にこれを製作したが、この多連高射機関砲システムは、富士電機が海軍のために開発した機銃射撃指揮装置を陸軍の対空射撃用に応用したものであった。

富士電機社史には次のように記述されている。

「『機銃射撃指揮装置』は、昭和十一年末から海軍の艦載対空機銃用指揮装置の試作を開始した。これは二五ミリ対空機銃四梃ないし八梃を、一基の指揮装置により並行に制御するもので、的針盤を装備し、標的の姿勢、速度距離等による修正角を機銃に与え、発射も同時にできる設計であった。機銃と指揮装置との同期運転は九六式探照灯と同方式を採用した。

海軍の射撃指揮装置に続いて、陸軍の防空用二〇ミリ機関砲指揮装置（砲身のみ官給）の試作を完了した。これは機関砲二型砲架六台（各々二輪運搬車付）、同射撃指揮具一台（二輪運搬車付）、発電自動車一台および電纜、予備品等からなるもので、本装置一組の編成は兵員弾薬を含み、貨物自動車一〇台を連ねるもので誠に壮観であった。

昭和十八年には最新優秀兵器として、宮中において天覧の栄を賜わった」

以上のように、四門～六門の機関砲を、射撃指揮装置、発電車などと展開配置し、指揮装置に一人の照準手をおいて眼鏡照準とハンドルによる機械装置を行ない、それによって射撃データを計算、これを同時に各砲に伝え、ケーブルによるリモートコントロールによって全砲を電動と同時に自動操作射撃ができる画期的な方式であった。

この二式多連高射機関砲とは、一門の固有名称でなく、これらをシステム化した自動射撃用法の総称であった。

この二式多連二十ミリ機関砲は教育用に「二式多連二十粍高射機関砲教練の参考」が作られ、その操作方法がくわしくのべられている。

砲は電動による射撃の場合は、一基の砲手は四名を要し、他に手動による射撃の場合は六名の砲手で操作射撃を行なった。

また指揮具は敵機の追従照準を行なうことも可能で、射撃は一弾倉ずつ反復発射を行ない、電動射撃と手動射撃とを指揮班長の判断で切りかえ、どちらでもただちに射撃することが可能であった。

この射撃では弾薬の消耗も多く砲手は弾倉の交換に素早い対応が要求されたという。発射には主に榴弾が使用された。

二式多連二十ミリ機関砲は実戦では四門編成とされ、東京と北九州などの軍需工場や主要地域に配備され、米軍機に対して戦果をあげたという。

●二式双連二十ミリ機関砲（ソキ砲）

この機関砲は単砲である二式二〇ミリ高射機関砲を双連にしたもので、多連の方は展開固定して使うものだが、ソキ砲の方は自動車部隊と行動を共にさせるため、台車にのせて自動車牽引式としたものである。

ソキ砲の戦法は、中空とくに低空から侵入してくる敵機および、野戦での対戦車火器としても使えるよう、また射手一人で双連の機関砲を操作できるため、従来の単砲射撃より敵機に対して多くの射弾を浴びせることが可能となった。

対空機関砲の射撃目標は、敵機が同時多方向より向かってくる公算が高いため、ケキ砲のように変換ができなくなるということから、スイッチの切りかえにより回転して各方向に対しても射撃ができるよう改良された。

また九八式軽戦車に搭載した双連二十ミリ機関砲も試作されている。

●一式（ラ式）三十七ミリ高射機関砲

戦争が激化してくると、米軍機による高高度からの爆撃と共に艦載機の地上攻撃もあいついだ。

一式（ラ式）三十七ミリ高射機関砲

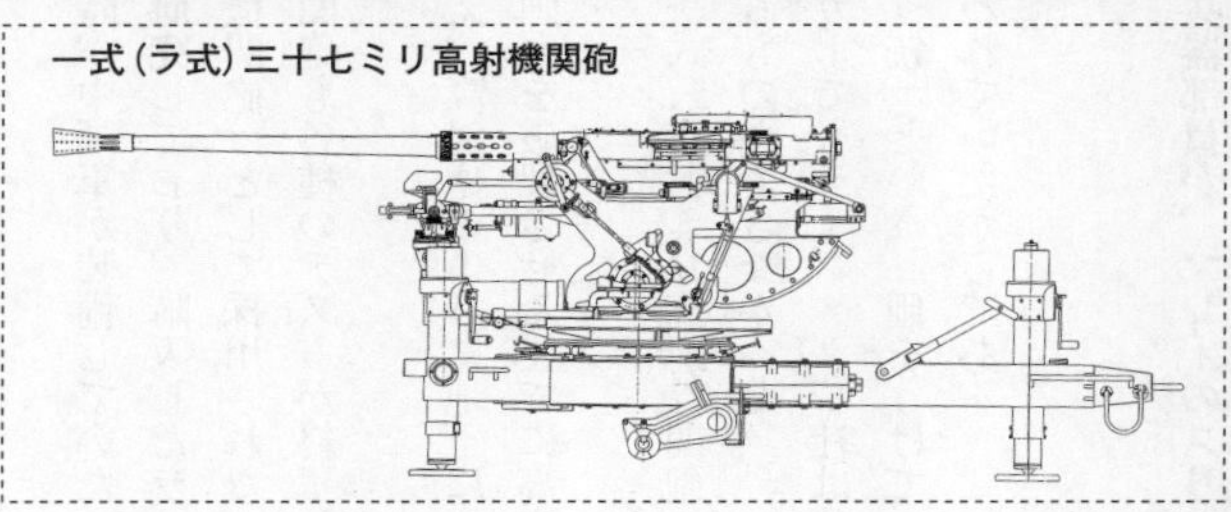

一式（ラ式）三十七ミリ高射機関砲

陸軍では高空に対する高射砲と、二〇ミリ高射機関砲との射高上の間隙をうめるため、弾道低伸性の良い、より威力のある三七ミリ級の高射機関砲が要求されることになった。

当時、日本と友好的なドイツにはラインメタル三・七センチ高射機関砲があったことから、陸軍技術本部の銅金少将の推選もあり、これを購入して製作する事に決定し、ドイツから買い求めた見本砲と概要説明図を基にその設計が行なわれた。

このラインメタル機関砲は日華事変時、中国軍が装備していたのを日本軍が戦利品として押収し、わが国でも参考になるとして研究しており、購入したラインメタル機関砲はそのままの名称をとり「ラ式三十七ミリ高射機関砲」として採用された。

一方、設計された試製三十七ミリ機関砲も各種のテストが終了して試製一式三十七ミリ高射機関砲と名づけられた。

形式は機関砲の基部を四脚の足で支え、高射砲のように地上に設置して射撃を行なうものであり、曳光弾をもちい、この曳光が弾丸を破裂させるまでに高度二〇〇〇メートルに到着させる性能をもっていた。

しかし、ラインメタルを参考にした一式三十七ミリ高射機関砲の製作は難行した。試作砲の機能や弾道性能が安定せず、信頼あるものができなかった。

それというのは、ドイツの兵器メーカーでもラインメタル社は独自の確立した技術を持っていたことと、その製品が「一味ちがう銃」という評価をうけていたため、銃器メーカーでもコピーをするのに難色を示したといわれていたからである。

●ボフォース四〇ミリ機関砲

南方作戦に参加した陸軍技術本部の兵器部員が、マレーのスリム戦でイギリス軍の装備し

ボフォース40ミリ機関砲

たボフォース四〇ミリ高射機関砲を捕獲し、これを砲と共にマニュアルも日本へ送付してきた。

ボフォース対空機関砲は、スウェーデンのボフォース社が開発した高射機関砲で、その優秀さは世界的にも定評があった。

陸軍技術本部では、ラインメタルの機関砲が遅々として進んでなかったことと、海軍でもこのボフォース四〇ミリ機関砲を採用することをきめていたため、陸海軍の統一兵器生産の機運も高まっていたこともあり、これまで開発を進めてきたラ式三十七ミリ高射機関砲をあきらめ、昭和十九年にはボフォース四〇ミリ砲へと切りかえることに決定した。

早速ラインメタル砲の製作は中止され、送付されてきたボフォース砲をもとに基本設計が行なわれた。

ボフォース社がこの優秀な機関砲を生むきっかけは、第一次大戦後ドイツのクルップ社との技術提携を行なったのがきっかけである。

ボフォースの技術者がクルップの四センチ砲をベースに、これを自動化し、機関砲として完成させたのが一九二〇年代の中期で、用途は艦載用の対空兵器であった。

はじめこの砲はスウェーデン海軍に納入され、対空艦砲として使用されたが、その優秀な性能とメカニズムの簡素さにくわえて操作性も良好なことから、各国から発注があいついだ。

第二次大戦前からボフォース社が輸出し、またライセンス生産した国はイギリス、フランス、アメリカを含めて一八ヵ国にも達したという。

とくに英国やアメリカは主力火砲の一つとしてボフォース四〇ミリ対空機関砲を採用し、米海軍は艦載用と共に陸軍用のものも生産し、日本との開戦前から部隊へ配備をしていた。

日本でもボフォース砲についての性能は充分わかっていたため、ただちにこれを生産することになり、国産の弾薬も完成し、各種技能テストも終了した。

生産は九州の小倉造兵廠が担当、年号も昭和二十年に入ったため五式四十ミリ高射機関砲と名づけられ、ただちに生産に移されたが、当時小倉造兵廠は軍需工場として米軍機の標的になっていて幾度か空襲に見舞われ、二門または六門が試作されて終わったという。

この五式（ボ式）四十ミリ機関砲は一応オリジナル・ボフォース砲とほぼ形式は同様だが、当時の技術と材料ではどのくらい実用性のある砲となったかは不明である。

また国産として量産にならなかったボフォース機関砲は、マレー作戦、シンガポール、ジャワなどで数多くが日本軍の手に落ちた。この砲はイギリスでは陸上部隊の主要防空兵器として採用され、自国での生産とスウェーデン製のものをアジアの英連邦軍にも多く配備していたからである。

捕獲したボフォースは日本軍により整備された防空火砲として、またインドネシアやマレーの義勇軍にも使用された。

付・高射機関砲の射撃法

機関砲の照準および射撃法には点射と追射があり、点射は一時的に数発を発射することと、追射は追随照準を続行しつつ所要弾数を発射するものであった。

弾丸は徹甲弾と榴弾の二種があり、空中目標に対しては主に榴弾をもちい、その曳光は射撃観測の指針になると同時に敵機に対しては精神的恐怖を与えたようである。

空中目標に対する射撃データは航速・航路角、昇降角や距離などがあり、九八式機関砲の照準器もこれらデータを正確に付与するよう設計されていたが、指揮官の目測決定がただちに射撃の精度効果につながるので指揮官の責任は重大であった。

二〇ミリ機関砲の防空任務空域は有効半径二〇〇〇メートルの半球内に過ぎず、最初の連続発射で撃墜することに重点をおかなければならず、さらに指揮官はあらゆる空中目標に対し機を逸せず射撃急襲することが要求された。

捕獲軽機関銃

●大陸での戦いで陸軍がその高性能に着目した各種鹵獲兵器

捕獲兵器の危険なワナ

第二次大戦中、ドイツ軍は戦争の進展にともなって多くの個人兵器を消耗し、また損傷を受けて兵器不足にも悩まされた。そのため戦場で敵から捕獲した兵器を使用した。これは対中国軍を相手に戦った日本軍も同じである。

ドイツ軍は非常に多くの捕獲兵器を活用したが、日本軍の場合、捕獲してもその操作方法がわからず、そうした兵器を積極的に活用しようとする考えもなかったが、戦場で捕獲した兵器に対し、使用制限を軍部がくわえたことも原因の一つであろう。

日本は昭和六年(一九三一年)の満州事変以来、中国軍と戦闘をまじえてきたが、その中で捕獲兵器をあつかっている内、その中に手榴弾や銃の内部に細工したブービートラップが多く発見されたからである。そのため陸軍は戦地の部隊に通達を出し、捕獲兵器の使用を禁じたもので、優秀な敵の兵器を手にすることがあっても、また手元の兵器が不足していてもこれらを活用することは少なかった。

日中戦争でも中期になってそのブービートラップに細工した兵器は少なくなったため、捕獲兵器を大幅に使用するようになったのである。

日華事変勃発時、当時中国を支配していたのは蔣介石の国民政府軍である。これは国府軍の中核をなす国民政府軍事委員会管轄の部隊で蔣介石の直系軍、いわゆる中央軍とも呼ばれたが、この他に東北軍、西北軍、山西軍や広西軍などもあり、ほかに蔣介石と相反する思想を持つ毛沢東の共産軍（八路軍）もあった。

この頃は中国軍の軍備立て直しのため、海外から軍事顧問団を呼んでおり、一九二八年頃からドイツ、日本、フランス、ソ連などの軍人が多く入りこんで指導にあたっていた。このうちドイツはもっとも長かったのである。

こうした実情から第一次大戦に使用した兵器がもっとも多く採用されており、小銃や機関銃、車両などもドイツの商社を通じて中国軍に売りこまれていた。

また中国軍は当初自国で完全な新式兵器を製造する兵器工廠を持っておらず、諸外国から購入する方法がベストだったのである。

従って、主要小銃は第一次大戦時のマウザー小銃がそのまま中国軍の制式小銃として採用され、その他は日本の三八式歩兵銃や三十年式歩兵銃を装備していたのが実状である。自動小銃や短機関銃はアメリカのトンプソン、ドイツのベルグマンとこれをコピーしたものが配備されていた。

優秀な外国製軽機

●軽機関銃ZB

中国軍が多量装備した外国の軽機関銃にチェコスロバキアのZB機関銃群がある。この銃はチェコのセスカ・ゾブロジョブカのエンジニア、V・ホレックが設計したガス圧利用式の一九二六年式軽機関銃である。

このZB26の構造は、銃身と平行して並んでいるガスシリンダーに発射ガスの一部を利用し、その圧力によりピストンを作動させて揺動式遊底を開放する銃で、構造は単純ながら確実な操作性と故障の少ないことが命中性にもつながって、ヨーロッパでも高い評価を受けていた。

チェコではこれを軍用銃として軍に採用する一方、海外市場にも売り出していて、生産地名を取って一名「ブルーノ機関銃」、または「プラガ軽機関銃」と呼んでいた。

一九二七年、これの小改良したZB27、さらに改正したZB30も発表され、これらの銃もヨーロッパ各国をはじめアジアや南米、アフリカなどの市場にも広く販売された。中国軍はちょうど日本との状態が悪化しつつあった頃でもあり、これらZB25や30を多量に買いこんで対日戦にそなえたものである。

日華事変では、日本軍の機関銃が優秀な割には故障が多かったのに対し、ＺＢ26やＺＢ30は良好な射撃性能で日本軍を圧倒し、日本軍兵士の間でも敵に「チェコ機関銃」があると注目されたという。

このＺＢ30は中国の兵工廠でもコピー生産され、またイギリスはＺＢ30を基に「ブレン機関銃」を開発するなど、軽機関銃として非常に優れたものであった。

昭和六年の満州事変で、陸軍は中国軍からはじめてＺＢ軽機関銃を捕獲して以来、昭和十二年の日華事変では各作戦ごとにＺＢを手に入れ、兵器不足の折から捕獲した弾薬ごと部隊に支給し、兵器不足を解消すると共に、中国軍に対して大いにこの銃を活用した。当時の戦時画報などを見ると、ＺＢを使用して射撃している日本軍の写真を多く見ることができる。日本軍はこのＺＢ軽機銃を「チ式軽機関銃」として野戦補助兵器に採用、後にはＺＢの弾薬までも生産して弾薬の供給につとめた。

中国の戦時教本には、次のようにしるされている。

「プラガ軽機関銃は口径七・九二ミリ、初速七五〇メートル／秒、発射速度毎分六〇〇発、重量九キログラムである。銃の特長は無故障兵器で、自動様式はガス圧利用式で、実に簡単な造りで大抵のことでは故障は起こり得ない。重量も軽く一人で携行でき、またそのまま対空射撃もできる。これは約一〇〇〇発まで連続発射に耐える、それ以上は水をかけるか自然

上から中国戦線で捕獲され活用されたＺＢ機関銃、満州事変で捕獲された同機関銃、チ式軽機関銃

冷却を待つか、替銃身が手元にあればおよそ五秒間で何ら道具をもちいず取り替え得る。

実に簡単で操作性よく全く消耗品的観念のする兵器である。命中精度は多少劣るが、故障なく信頼できる点が何よりの強みである。製造単価も全軽機中もっとも安く、ことに分解工具もいらず、細部分解にも一本の釘または実包があればできる情況にある。本銃はチェコ製もあるが、支那漢陽兵工廠および太沽造船所製が多数を占めている」

日本軍では野戦で銃が故障した兵や、弾薬や食糧を運ぶ輜重兵や自動車兵、また野戦病院を警護する兵士に、このプラガ軽機を支給し、戦場で活用させた。

またこの銃は口径六・五ミリのものもあり、それは太原兵工廠でコピー製造したものである。

●ブローニング軽機関銃

昭和六年の満州事変に続く第一次上海事変、さらに昭和十二年からの日中戦争と、日本は昭和初期から終戦にいたるまで対中国軍との戦いにあけくれた。この間に中国軍から捕獲した兵器は非常に多かったが、とくに中国軍の使用した軽機関銃の中には優秀なものが多く見られた。

その一例を挙げると、次のようなものである。

英国のビッカース、デンマークのマドセン、ドイツのマキシム、フランスのホチキス、アメリカのルイス、スイスのノイホーゼン、ソ連のデクチャレフ、ベルギーやアメリカのブローニングである。これらの銃の中でとくに中国陸海軍に多く装備されたのは、ブローニング軽機関銃で、一般的にはブローニング・オートマチック・ライフル（ＢＡＲ）、通称では自動銃とも呼ばれている。

このブローニング自動銃の開発は一九一六年から一七年頃といわれ、その特色は銃身と並行した筒で発射ガス圧を利用したもので、筒内にピストンを設け、この発射ガスの調節により半自動、全自動兼用の機能ができる火器である。弾倉は二〇発入の箱弾倉で、機関部下から挿入し、半自動、全自動の切りかえはスイッチによって行なうことができた。

こうして誕生したブローニング銃は、アメリカの第一次大戦参加直前に、米陸軍の公開トライアルに参加し、アメリカはただちに採用を決定した。それは参戦前の一九一七年二月二十七日のことである。ブローニング・オートマチック・ライフルＭ１９１８の誕生であった。ＢＡＲが支給されたのは米第七師団の兵士で一九一八年に入ってからであり、出兵は七月、そして同年十一月にはドイツが降伏してしまったので、実際、西部戦線でＢＡＲが活躍した期間は数ヵ月だけだった。

第一次大戦後、ＢＡＲ・Ｍ１９１８は改修されてＭ１９１８Ａ２となっている。

一方、米陸軍はＭ１９１８を制式にした時、参戦前でもあり自動火器不足であったため、

(上)日本軍捕獲のブローニングM1930軽機関銃。(下)通信部隊が射撃中の同機関銃

コルト社に対し自動火器の試作を別に依頼していた。コルト社はこれに取り組んだが、その後、ブローニングから基本的なパテントを取得し、それを基に「ブローニング・オートマチック・ライフルM1930」を製作した。

このM1930と前の1918A2とは形状が少し異なり、M1930は機関部後部下にグリップがつき、銃身基部には放熱のフィンがついているのが特徴で、銃身の交換も容易になった。それにくわえ、連射速度をおさえて命中率を上げ、銃身には運搬用ハンドルも設置された。このハンドルは後にA2型にも取りつけられた。共にメカの構造は同じである。

第二次大戦前、アメリカはこのブローニング軽機関銃を中国や南米に輸出した。中国軍は日本との関係が悪化する一方、中国の商社を通じてこのブローニング軽機関銃を買い求め、陸軍の騎兵や車両部隊に装備していた。

そして昭和十二年、日華事変が勃発し各戦闘でこのブローニング軽機関銃は日本軍によって捕獲されたため、戦争中期からは捕獲したブローニング軽機関銃も装備させるようになった。ただし、捕獲兵器使用は弾薬のあるかぎりとなっており、一種の使い捨て兵器として取り扱っていた。だが、高名なブローニング軽機関銃は性能もすばらしく、配備された銃を手放そうとはしなかったという。

ブローニングは、主に陸軍の通信兵や後方部隊の警備補助兵器として採用、意外と広く使用されていた。

ビ式三・七インチ高射砲

昭和十六年十二月、日本は米英に対し戦端を開き、アメリカの海軍基地・真珠湾を攻撃、続く東洋のイギリス基地・香港では、日本軍が九龍半島をおさえて対岸から小舟艇を使って海を渡り攻略した。

さらにイギリス極東の本拠地であるシンガポールをマレー半島を通して攻め落とし、多数のイギリス、連邦軍の兵器を手にすることができた。イギリス軍は対戦車砲や榴弾砲、高射砲などの優秀な兵器を各方面に配置していたが、日本軍の進撃が予想以上に速く、これらの兵器も充分活用できないまま捕獲されてしまった。

しかし、一方では敵に捕獲されて使われるよりもと、自らの手で破壊してしまったのも多かった。

香港やシンガポールで見つかった対空火砲に、イギリスが誇る三・七インチ高射砲がある。

第一次大戦時、飛行機を最初に射撃しようと試みたのは一九一四年(大正三年)のことで、海軍の二ポンド砲を地上にすえ付けたものといわれる。

その後、ツェッペリン飛行船によるロンドン攻撃が盛んとなり、これに対応してロンドン防空に使用した高射砲は多かったが、戦争終了までに配備した中では三インチ砲が最良の火砲であった。

その後、口径の大きい砲が生まれたが、これらはいずれも固定式のものでイギリス本土防衛用として配置されたため、移動性に優れ、より威力のある高射砲の要望を受け、ビッカース社で開発されたのが三・七インチ高射砲である。

この三・七インチはイギリス軍自慢の対空火器であり、一名「ノッチンガム高射砲」と呼称し、イギリス本土だけでなく、香港やシンガポールの各陣地や飛行場にも数多く配置されていた。

英国から鹵獲した三・七インチ高射砲数門は、当時英国の最新式移動式高射砲であり、その性能は優秀で、最大射高一万二〇〇〇メートル、発射速度は毎分一五発であった。この火砲は陸軍技術本部の依頼で、ただちにシンガポールから日本へ送られた。参考品として充分研究する余地ありとされたからである。

ビッカース製３・７インチ高射砲と昭和天皇

調査は次のようなものであった。

「この火砲は英国ビッカース会社独自の構造をもつ砲架で、いわゆる低砲耳式（砲耳が低い。砲耳というのは俯仰体の俯仰中心のこと）である。従って砲耳が俯仰体の後端近くにあって、俯仰体の重心位置が砲耳から前方にあるため、砲架内に強力なバネ二組を水平に設けて、これが俯仰体の後端を引っ張ってそのバランスを保っている。

低砲耳であるから弾を込めるには容易であり、また射角零度付近の射撃でも都合がよく、対戦車射撃には最適である。しかし発射時、砲身が振動するため連続射撃の時は照準が困難になるとか、命中精度が悪いという欠点もある。

砲身は身管、被筒、砲尾から出来ていて、砲尾を取り除いて身管を前方から軽打すると、身管は容易に被筒から抜け出る。であるから沢山の弾を射撃して身管の内壁が悪化すると戦場でも身管を交換することができる利点がある。これを身管自由交換式という。

高射砲の運行時は、前方と後方に各一車軸(車輪は各二個)で、砲を吊り揚げて牽引車で牽引する。射撃時は前方の車軸を取りはずすことができるが、後方の車軸はその車輪と共に砲架上に吊り揚げている。これは砲架として全重量を増加して、発射時の火砲の安定を良くしたものである」

陸軍は兵器開発の参考品として、日比谷公園に展示公表する一方、皇居内でも鹵獲兵器各種を集めて展示を行ない、天皇陛下の視察をあおいだ。

このビッカース製三・七インチ高射砲は、数門日本にとどいていたため(弾薬もあった)、そのまま「拇収高射砲」と呼んで本土防衛の高射砲部隊の補助兵器として装備させた。

高射銃架

●空の脅威に対抗するために作られた三脚架・試作高射銃架

空に向けられた機関銃

日露戦争の後半、ホチキス系の三八式機関銃を戦場に投入した陸軍は、その経験を生かし、大正三年（一九一四年）に新しい機関銃「三年式機関銃」を開発した。

この大正三年は、ヨーロッパでは第一次大戦が勃発した年でもあり、ヨーロッパ諸国はそれぞれドイツ側または連合国側について西部戦線で戦っていた。わが国もこの年の八月、ドイツに宣戦布告をして中国の青島のドイツ軍駐屯部隊と一戦をまじえるべく、青島要塞を攻撃したのである。

三年式機関銃は、従来の三八式機関銃に範をとり、さらにマドセン機関銃の優れた点を参考に開発されたもので、当時この種の火器としてはきわめて優秀な性能を持っていた。

この三年式機関銃の銃架は三脚架で主に対地上戦を重視したもので、陣地変換や移動時は前の二脚に棒状の前梶をはめこみ、後部脚部にはU字型の後梶を装着して移動運動を行なうものであった。

三年式機関銃が制定されたのは、第一次大戦が始まって約半年後であったが、その後西部戦線では新兵器が登場し、戦闘方法も一変する近代戦闘へと進むようになる。

飛行機もその一つで、それまで陣地偵察に飛んでいたが、しだいに機関銃を搭載した戦闘機が登場して空中戦へと変わり、また空から爆弾を投下する攻撃方法が展開されると、これを撃ち落とす高射砲や対空高射機関銃が開発されることになって行く。

こうした戦争の状況から、地上用に使っていた機関銃も高射用に転用するようになり、各国でも高射機関銃用として高射用器具を製作してこれに取りつけるようになった。このように戦争の必要性から高射機関銃が発達してくると、日本陸軍でもこれにならって三年式機関銃に高射用三脚架を考案し、高射用として転用することになった。

第一次大戦後、陸軍は三年式機関銃をベースに、これに組み合わせる高射用三脚架をいくつか開発してセットしてみたが、なかなか適当なものができなかった。

それというのも、三年式機関銃は後に重機関銃と呼ばれるように安定した射撃が可能な一方、重量があってせっかく高射用の三脚架を作っても支柱となる部分がその重さに耐え切れず、また射撃を開始するたびに支柱托架が傷んで使いものにならないなどのトラブルが発生した。

大正期の大演習写真帖などには、いろいろな試作の支柱托架が使われているが、あまり安全なものではなかったらしい。

特殊重機関銃架

三年式重機関銃は大正七年のシベリア出兵に投入され、実戦で使われることになる。この戦いでロシア赤軍が飛行機を使用するという噂があり、また実際に偵察機を飛ばしたこともあって、これに対処するため対空銃架を即製してみたがうまくいかなかった。そのため日本に協力していたロシア白軍からビッカース機関銃を供給され、これを対空機関銃として装備したが、予想した対空戦闘にはならなかった。

一方、国内では陸軍歩兵学校が、第一次大戦で飛行機が登場したこともあって小銃や機関銃での対空戦闘方法を研究していた。その研究の一貫として、三年式重機を輜重車（補給用）上に通常の銃架を固定して全周射撃を研究し、その上に土嚢を積んで銃の固定をはかった。

この輜重車を利用しての研究は、重機の全周射撃に可能なものの、射撃のショックで車輪が動きやすく安定した連続射撃照準ができないこと、また土嚢で固定した方法でもこれと同じようなデータが得られた。

だが、もっとも困ったことは高射間、射手に無理な姿勢が要求されることもあって、これまで伝統的に守ってきた日本陸軍の射撃姿勢も大幅に変更を余儀なくされ、新たに高射用銃架を開発することになった。

「この対空銃架の目的は、地上より飛行機を射撃するため高角度の全周射撃を容易にする特殊の銃架を有し、航速に応じ異なった照準線を得る照準具を装着す」とあり、形状は太い鋼管のパイプを支柱に三脚を装着、パイプ上部が少し曲がって重機関銃をガッチリ支える。銃には対空リング状の照準具、下に輪状の対空照尺がつき、三脚の各足元には射撃時の浮き上がりやショックを防止する目的から、それぞれ三本のペグを地面に打ちこんで固定するようにした。

この対空銃架をつけた三年式重機関銃は、そのスタイルから「特殊重機関銃」と呼ばれていた。

昭和期になって、陸軍は対空戦を体験するチャンスに恵まれなかったが、演習や訓練時に飛び散るカートリッジの処置に困り、その対策として「高射機関銃用打殻薬莢受け」を作った。

これは排莢口に鋼板で箱状なものを作り、その先端にキャンバス製の袋をつけたカートリッジ受けを装着、訓練や演習時に利用していたが、上海戦時に利用され実戦での効果を体験した。

このカートリッジ受けは主に平時の訓練などには有効だったが、戦場での移動性にとぼし

187　高射銃架

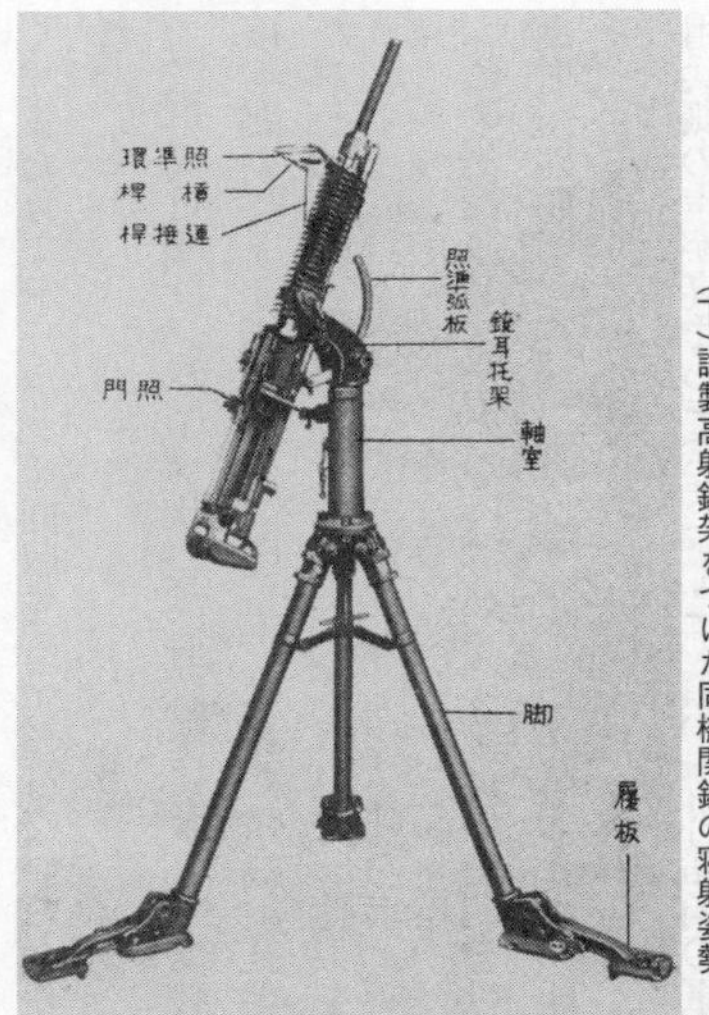

（上）三年式機関銃の高射姿勢
（下）試製高射銃架をつけた同機関銃の寝射姿勢

く、またカートリッジを回収する余裕もないことから、その後は内地部隊の演習時に使用された。

三年式重機は、パイプ状の高射銃架に装着して使っていたが、射撃時のブレがひどく安定度も悪いことが指摘され、陸軍では新たに高射托架を研究してこれと交換することを決定した。それには通常平射用の三年式重機用の三脚架を利用して、その上に高射用の托架をつけた。

この先端はU字型となっていて、重機の中間をはさむように取りつけられ、付属品として高射用の照門、托輪、リング状の照準輪などが一組となっている。

三年式重機は三八式小銃と同じ六・五ミリの実包を使うが、その威力が不足であるという用兵側の声が高まっていた。この頃、海外諸国の軍用小火器は七・六二ミリか七・七ミリ、あるいは八ミリなどの口径が主流となっていた。これに対し日本は六・五ミリという小口径クラスの弾薬を使用していたため、威力不足という感が大きかった。

これが小銃ならまだしも、敵を制圧するのが主体である機関銃ではこの問題は重大であった。弾が軽ければ同じ初速で射っていても、軽い六・五ミリ級では早く弾速が落ち、有効射程も短くなる。さらに大陸などの広漠とした作戦地帯であれば、なおさらである。戦場で銃を射つ兵士間では、「より大きな口径の機関銃を」という要求が強かったのである。

こうしたことから、三年式重機関銃を口径を大きくした九二式重機関銃の開発へと進ませることになった。六・五ミリの口径から七・七ミリとなって登場した九二式重機関銃も、当初三年式と同じような高射銃架を計画したが、前の三年式高射銃架は重く、移動には馬の鞍につけた「銃鞍」によって運ばなければならず、そのため九二式高射托架として軽度な、しかも重い機関銃をしっかりと支え、また兵士がかついで運べるという銃架を製作した。

この高射托架は平射用の三脚架とよく合い、一見細身とも見えるが、機関銃はU型の支柱でしっかり支えて安定性も良く、戦場では飛行機射撃後でも、この高射托架セットを取りはずせば、ただちに平射射撃も可能なことから中国戦線や太平洋戦争でも大いに活用した。

名称も「九二式高射用具」で托架、照準環、照門および附属品からなり、直距離一〇〇〇メートル以下で時速三〇〇キロまでの飛行機を狙って撃ち落とすことが可能であった。ただし、照準具はあらかじめ、その照準線を規正しておくことを要した。

十一年式軽機関銃三脚架

十一年式軽機関銃は大正十四年に完成、よく知られるように銃の最大特色はその給弾システムにある。通常の軽機関銃に採用されている着脱式のボックスマガジンは、撃ち終わったら次の弾倉と交換装塡してしまうのが普通だが、その方法では弾倉は一種の消耗品と見なくてはならない。

こうした消耗をおさえて、小銃用の五発入りクリップともそのまま使えるように考えられたのがこの方法である。この最大長所も後には欠点となるわけだが、それはさておき十一年式軽機関銃の給弾システムは開発者が非常に苦心しただけに、その着想とメカニズムはきわめてユニークで、他に例を見ない独特なものであった。

その構造は、銃の機関部左側にホッパー型弾倉をつけ、それに五発入りクリップ入弾薬を六個重ねて入れる。弾倉の底には遊底と連動した爪があり、その遊底が往復ごとに一発ずつ弾丸を下から右へとかき出して装填する。射撃を続けると、一番下段の五発が終わると順次上に重ねてあるのが下へおりて行き、連続しての射撃ができた。

この十一年式軽機関銃には通常地上用のため二脚しかついてなかったが、昭和六年に勃発した満州事変に出動した兵士の回想によると、軽機は平坦地の目標に対しての伏射姿勢は良いが、敵を追撃してコウリャン（稲科の一年草・中国では食用）畑を行くと背の高さ以上のコウリャンにさえぎられて射撃が不可能になるケースが続出したという。

元来、重機関銃には対空用銃架が別に装備されているが、行動自由な軽機には二脚しかなく敵をみすみす見のがしてしまうのが残念でならなかった。この実状はただちに陸軍の上層部にも伝わったが、実は昭和四年頃、試製十一年式軽機関銃高射照準具として陸軍技術本部で研究開発されていたが、これはあくまで低空でせまる敵飛行機に対応するためのもので、大陸への出動部隊には装備されていなかった。

この試製高射照準具は、軽機の二脚を伸ばして高くしたもので、射撃中ではやや安定性に

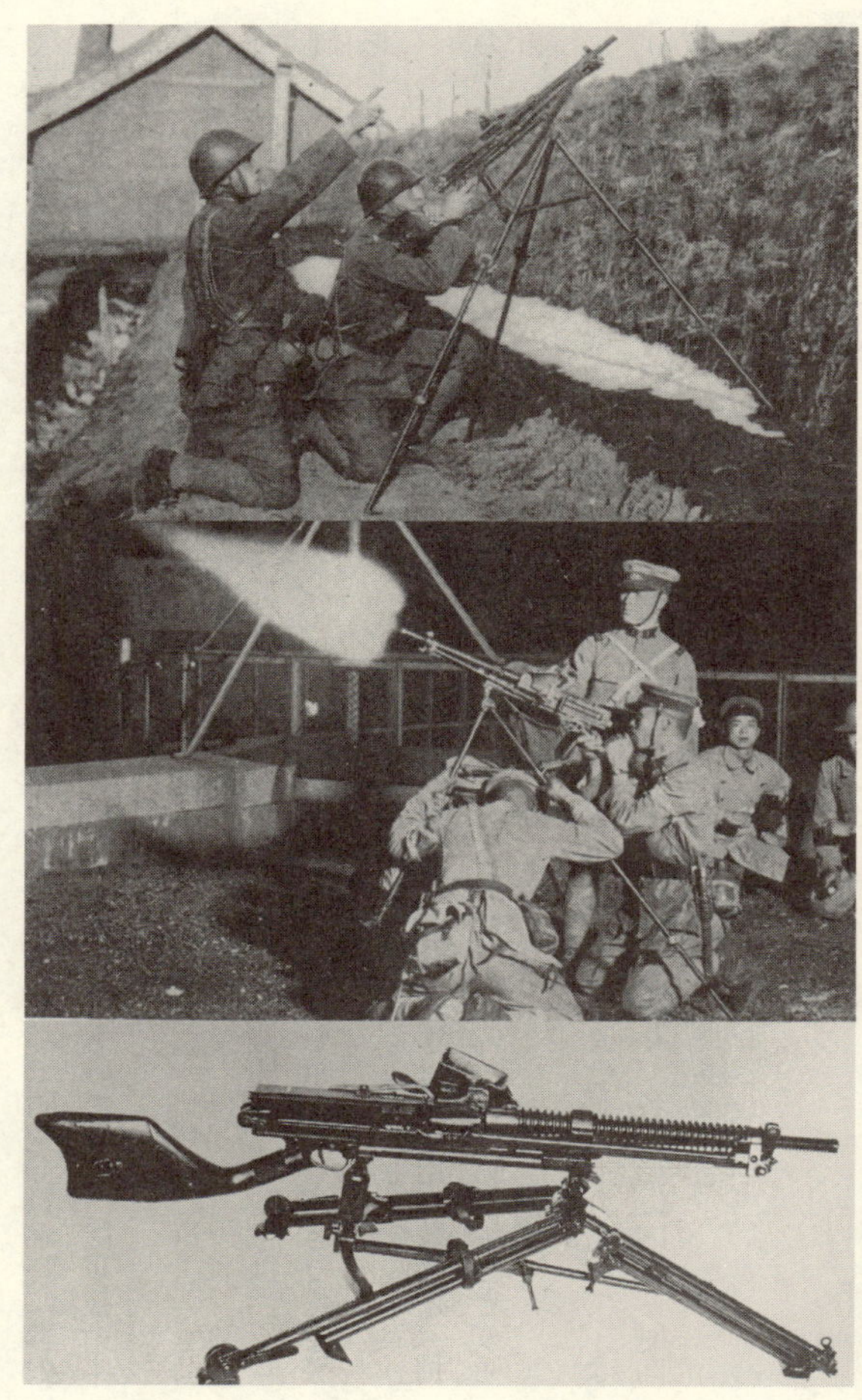

(上)満州事変時、高射銃架甲を使用した十一年式機関銃の射撃。(中)高射銃架甲を支えた状態の同機関銃の夜間射撃。(下)三脚架を折りたたんだ状態の同機関銃

欠けるため、二脚の足もとにひもをつけ、それをグリップ部分に結んで固定、射撃時に脚のブレをおさえるのが目的であった。そのため実戦ではとても使えるものでなく、陸軍技術本部は新たに軽機関銃用の高射三脚架の開発を行なうことになった。

完成した十一年式軽機関銃の三脚架は、「三脚架甲」と「三脚架乙」とがあり、これで背の高いコウリャン越しの射撃も可能になったのである。十一年式軽機関銃三脚架甲は、三本脚からなり、前脚が二本、後脚が一本で、脚は各上桿、下桿でこれを屈折することで各姿勢をとることができる。

これは各地形に応ずる射向と平射時の方向と高低射角も容易で、甲は歩兵用と騎兵用二種の縛革がつき、騎兵は馬にのせて、歩兵はこれをまとめて折りたたみ一人でも運ぶことが可能だった。

一方の十一年式軽機関銃用乙は、甲より二節と短くし、重さもぐんと軽くしたもので、より携行を便利としたものである。乙は脚を伸縮させて低い姿勢もとり、各地形に応じる射向と平射も自由にとることも可能で、軽機につけた場合安定度も良好であった。

ここで十一年式軽機関銃の三脚架データをあげておこう。

三脚架甲＝重量六五〇〇キログラム

高低射角　俯仰各五度

方向射角　左右各二三度

さて、このような高い脚をつけた時の機関銃の好悪とはどのようなものであったろうか。銃架は火砲の砲架と同様に、弾の命中率に影響する重要部分であり、射撃位置では常に不動の形状を保たなければならない。とくに火砲の場合と異なって、自動動作を要求する機銃では動く部分が全体の重さに比べて大きいので、銃架がしっかりしていないと銃口から弾が出る時に振動して命中率を悪くする原因ともなる。

十一年式軽機関銃の銃架の場合、実戦では敵に発見されやすい欠点と、展開しては運動性がとぼしいので戦場後方で三脚架を折りたたんで行動、敵弾下では遮蔽しての移動、陣地変換など意外と不便なこともあった。

しかし、射撃時に三脚架を最大展開して見ると安定性は良く、もし地形がどうなっていても脚の長短を変えて高さを自由にできるという利点もあった。

欠点としては飛行機を追尾しての連続射撃では、銃架自体に重みがなく不安定であり、数人の兵士が脚をしっかり固定していないと有効な速射は期待できなかった。

この三脚架の折りたたみ、屈折は三脚の中心にある支柱ネジで調節した。このような対空高射用とした屈折型銃架は、当時のヨーロッパ諸国でも流行しており、その形状から〝バッタ〟などというニックネームもついていたという。

陸軍の高射三脚架は、国内の部隊ばかりでなく、満州の北満に位置する部隊や独立守備隊などにも支給されており、対空用として配備されていた。

昭和十六年九月、従来の十一年式軽機関銃の三脚架をより軽量化した、構造も比較的簡単な「軽三脚架」が騎兵用として採用された。

これは前に装備した三脚架乙のように脚の長さを二つ折りにできるようにしたもので、乙型にあった中間の支え部分を取りはずし、素材も軽度なパイプを使って重量を軽減、騎兵が折りたたんで袋に入れ馬の鞍につけて運ぶように考えたものである。これは操作時の便利さを工夫したものであった。

九七式自動砲

●大きな期待が寄せられた歩兵が携行する対戦車ライフル

戦車を撃ち抜くライフル

日本陸軍歩兵の持つ対戦車携行火器の一つに「九七式自動砲」がある。自動砲の戦場での任務は、近距離で敵の戦車を撲滅し、ときには敵の側防機関銃やトーチカの銃眼を狙撃するのが主任務である。

陸軍歩兵学校の教本総説には、次のように記されている。

「九七式自動砲は近距離対戦車用および対重火器用として設計された火砲にして、その目的に適するごとき特殊の性能と構造とを具備している。

本砲は箱型弾倉に弾薬筒（九七式曳光徹甲弾または榴弾）七発を装塡し、発射によって生ずる火薬ガスの一部を利用して砲尾機関を開き、薬莢を排出してさらに複座バネの弾撥力により引金を引くごとに次発の弾薬を装塡および発射し、自動的にこれを復行せしめ得るものとする」

この歩兵に装備された独特なスタイルを持つ対戦車自動砲は、日本がヨーロッパ各国の対戦車ライフル制式化に刺激されて独自に開発を進め、昭和十二年に完成し、皇紀二五九七年から「九七式対戦車自動砲」として制式化された。

同砲は、当時ヨーロッパ勢の大口径化に乗り遅れまいと、強力な口径二〇ミリを採用した対戦車ライフルで、作動方式はガス圧自動のセミ・オートのみのメカニズムを備え、弾倉装弾は七発であった。

九七式の特徴は、対戦車ライフルでありながらフル・セミオートメカニズムを持っていることで、他国に例がないわけではないが、その数は少ない。また対戦車銃としては最も重いクラスに入る。

第一次大戦の西部戦線に登場した戦車は、ドイツ軍を驚かせた。しかしこれに対応する方法も早かった。ドイツ軍は最初の歩兵用対戦車火器の開発に着手し、マウザー社によって対戦車銃が製作された。この銃は口径一三ミリとし、全長一七〇センチ、重量は一一・八キロ、外観は小銃を大きくした形状である。銃身長は非常に長く、さらに銃床のつけ根にピストルグリップがついていた。

このような長銃身の銃を通常の方法では保持できないので、軽い二脚架が銃床の前部に装着された。遊底の閉鎖は小銃と同様に遊底を作動する方式であったが、弾倉はなく、弾薬は

九七式自動砲

一発ずつ薬室に装填された。

マウザー対戦車銃から発射された弾丸は、命中角が適切であれば、一〇〇メートルの射距離でマークⅣ戦車の装甲板を貫徹できたが、その命中角が不備だと六〇メートルでも戦車の装甲板を射ち抜くことは無理だった。

それに発射時の反動はすさまじく、あるドイツ軍部隊ではこの銃を使用したがらなかったという。

第一次大戦が終結すると、対戦車火器に対する研究は停止し、一九二〇年代を通じて見るべき進展はなかった。

しかし一九三〇年後半には各国の戦車研究が進み、それにともなって兵器製造会社が対戦車兵器に関心を持ちはじめ、各種の対戦車ライフルが兵器市場に姿を現わし始めたのである。

これらの対戦車火器の大部分は口径がほとんど同じであった。最も小さい口径は二〇ミリ程度で、スイスのゾロタン社とエリコン社、デンマークのマドセン社、オランダのＨＡＩＨＡ社、フランスのベッカー社などで、これらはすべて機関砲で、大部分弾倉給弾式を採用していた。

製造会社のデータでは、その平均貫徹能力は約三六〇メートルの射距離で一インチの装甲板を貫通できるというものであった。英陸軍はエリコン社製の二〇ミリ砲を採用し、カーデンロイド装甲車に搭載し、対戦車用に配備していた。

またポーランドも新しい対戦車銃を設計開発した。これはモロスツェク対戦車銃と呼ばれ、マウザー対戦車銃を基礎として設計されており、銃の重量は八・八キロと最も軽量で弾丸はタングステン・カーバイトの弾芯七・九ミリの弾で、高初速を得るため小さな弾丸と大きな薬莢を使用し、反動を射手が耐え得る限度までおさえていた。

この対戦車銃は三〇〇メートルの射距離で厚さ二〇ミリの装甲板を貫徹する威力を持ち、二〇ミリ機関砲と同等の性能があった。

未知の〝対戦車兵器〟

日本は昭和六年の満州事変、翌七年に上海事変と戦争を体験し、各国の兵器や軍備に関心を持っていた。当時ヨーロッパ諸国は戦車や兵器の開発が急速に進んでおり、日本にもこの風潮が伝わって、対戦車火器の研究に取り組むことになった。

しかし各国戦車の装甲やその構造などは明らかではなく、とくに仮想敵国としていたソ連の地上兵器などはいっさいが不明であった。

その頃、「ソ連では歩兵が携行運搬可能な対戦車ライフルが制式化されている」という情

九七式自動砲構造図

51㎝
後棍
61㎝
45㎝
前棍
39.2㎝
105.3㎝
55.5㎝
弾倉
砲身
尾筒
担帯
茄子環
高
36.0㎝
29.0㎝
ガス管
駐退機
15.2㎝
前脚
砲尾機関
揺架
後脚
44㎝
49.5㎝
92.7㎝
1.20m
2.00m
2.30m

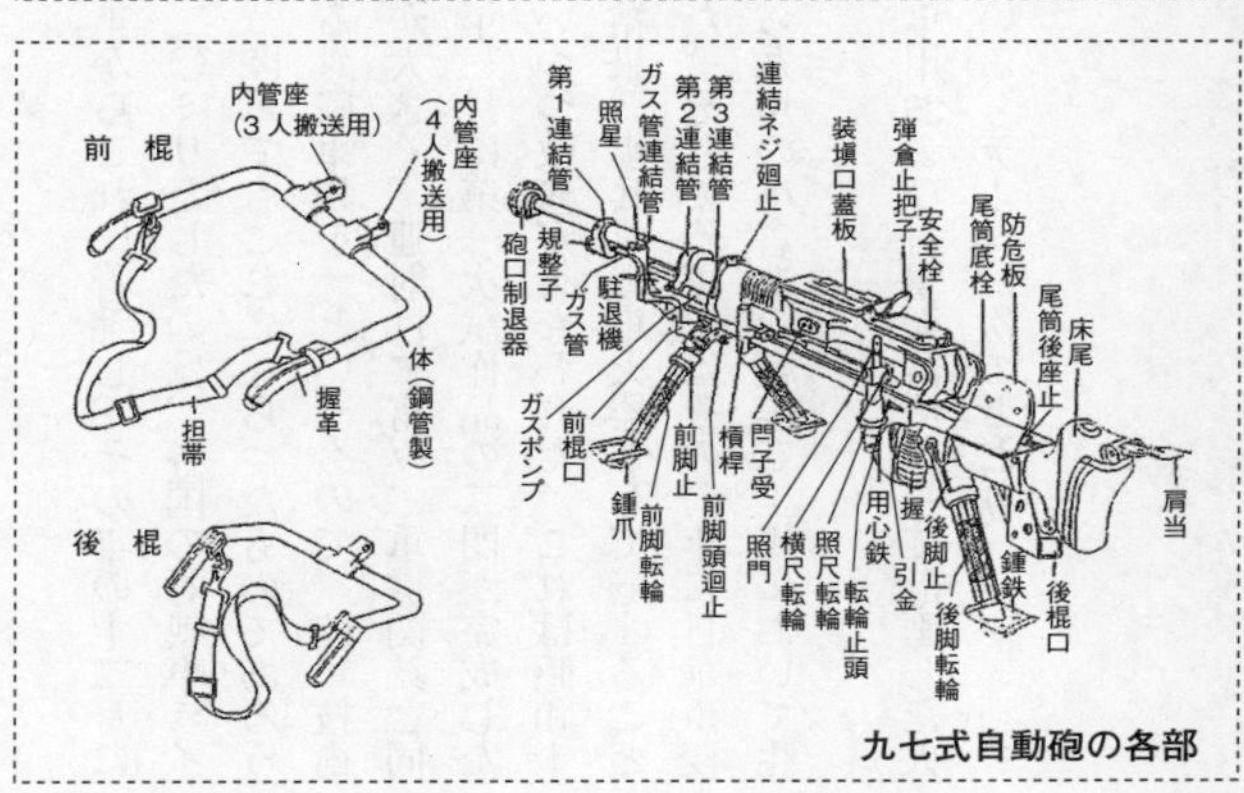

九七式自動砲の各部

報が海外駐在武官からもたらされた。

陸軍技術本部は対戦車火器を研究テーマに昭和十年からこれに着手し、その年の十二月に小倉工廠へ対戦車自動砲の試作を依頼した。口径を二〇ミリとしたのは、各国の対戦車ライフルの口径がほとんど二〇ミリ口径を採用しており、陸軍でもこれにならったものであろう。開発目標は「歩兵が運搬しうる軽量かつ威力のある対戦車銃を」というもので、陸軍技術本部の吉川喜芳少将が主任となって、ソ連より口径が大きく、連射性に富み、重機関銃と同等な兵員で運ぶことが可能なものとして、昭和十一年三月に第一次試作品の二門が完成した。ただちに歩兵学校と騎兵学校で実用テストを行ないつつ改修が行なわれた。これは昭和十三年二月まで続けられ、各種の実用試験を行なった結果、歩兵対戦車火器として適することになり「九七式自動砲」と命名され陸軍に採用された。そして陸軍ではその前年に日華事変に突入したため、早期整備を要求して昭和十三年から九州の小倉造兵廠第二工場において生産が行なわれた。

九七式自動砲は冒頭で述べたとおり、近距離対戦車用および対重火器用として計画した火砲で、その目的に適する特殊な性能と構造を有している。データは次のとおり。

口径　　二〇ミリ
砲全長　二・三〇〇メートル（後棍を有す）

砲身長　一・二〇〇メートル
全備重量　約五九・一キロ（弾倉を除く）
砲身重量　約一二・二キロ
作動方式　ガス圧利用
給弾方式　箱型弾倉
揺架重量　約二二・八キロ
尾筒重量　約一四・六キロ
装弾数　七発
砲身高　最低二九〇ミリ、最高三六〇ミリ
照準高　最低三三二ミリ、最高四〇二ミリ
方向射界　約九〇度
初速　七二〇メートル／秒
発射速度　一〇発／分
携行弾数　一分隊二八発
前棍重量　約五キロ
後棍重量　約四キロ

九七式自動砲の各部分は、砲身および各付属品、尾筒（機関部）および付属品、揺架、駐退機、撃発機、照準具、前・後脚、弾倉、提棍などの部品と携帯嚢、弾倉嚢、弾薬箱および砲の砲被などからなる。

強烈な発射時の反動

自動砲の砲身体は砲口制退器（マズルブレーキ）、第一、第二、第三の連結管、規整子（ガス圧調節）、ガス管とポンプからなる。砲口についた砲口制退器は砲身の後座力を制退し、あわせて砲の浮動を防止するもので、砲口に装着されている。

砲を支える第一連結管の下につく規整子は、ガス圧の流れを調節・増減するもので、規整子の基部に数字の線があり、最弱二五から三〇、三五、四〇、四五の最強で、第一連結管の左側線に合わせて強弱のガスを調節する。

砲の機関上部には弾倉装填口があり、装填口には埃（ほこり）を防止する蓋がつき、弾倉装填時はこれを開いて弾倉を差しこみ、弾倉止で固定する。機関内部は弾の送弾撃発機構が収められ、前方には砲身を装入固定する砲身止がつく。砲の左側面前方に槓桿（ボルト）があり、初弾発射はこれを引いて撃発姿勢となる。

砲の照準は、砲の第三連結管左側に照星座があり、照星が固定されている。照門は機関部後方左側面に径三ミリの穴照門、その下に目盛りつきの転輪と距離目盛がついた昇降照尺が

射撃中の九七式自動砲

つく。照星や照門が砲から少し離れているため、射手は肩付照準で充分目標を狙うことができる。

機関下部には大型の引金がつき、グリップを握って楽に射つことができる。単発も可能なようだが、九七式自動砲は発射速度が早いため、指でのコントロールはむずかしいと思われる。

砲を支える前二脚は頑丈に作られ、アジャステック・グリップがつき砲の傾きや上下調節にもちいる。後部は一本脚でこれも高低を調節可能だ。

機関部後端には射手を守る防危板、床尾があり、内部に床尾バネが内蔵され、肩当て部分にはフェルトのパットがついて砲の反動を柔らげる役目をする。肩にのせる肩当ては金属製の板で、折りたたみができる。

砲の砲口制退器（マズルブレーキ）は発射時の反動を軽減する構造を備えているが、それでも反動は強烈だったという。

馬で行なわれた運搬

自動砲が戦闘するため敵に接近する隊形・行動は歩兵の一般中隊と同様である。敵に遠い間は馬で運搬するが、敵の攻撃をうけるようになれば損害を避け、いつでも戦闘ができるように馬よりおろし、最初はこれを分解して運搬する。分隊編成は分隊長以下八名である。砲の搬送は、分解搬送と二人搬送があり、陣地進入では敵の眼を避け、姿勢を低くするため匍匐して運搬することがある。陣地変換には「前進用意」の号令で前進の用意をし、自動砲は二番と四番（射手）が搬送して、一〜四番は横に散開して前進し、五番以下は弾薬嚢または弾薬箱を携行し、そのときの隊形のまま前進する。

自動砲の搬送時は、砲に装着する前棍と後部につける後棍とがあり、これはU字型で四人搬送の場合は中心に装着し、二人搬送の場合は砲部分を右寄りに設置して、搬送時砲身によって行動をさまたげないようにして肩ベルトをかけて二人搬送を行なう。

自動砲の陣地展開は四番が射手で、三番は砲の左向方に伏して弾倉装塡、脚をもって砲の安定を修正する役目であり、三番は副射手、一番は小隊長との連絡指示を行ない、五番、六番は空弾倉に弾を供給し、七番と八番は後方より弾薬補充の役割をする。

九七式自動砲の弾薬は三種あって、九七式曳光徹甲弾、九七式曳光徹甲代用弾および九八式曳光榴弾で、いずれも弾底に曳光剤を有し、発射時は曳光をひいて敵戦車を攻撃、装甲板を貫徹する。

ソ連戦車の強敵にならず

九七式自動砲は昭和十四年のノモンハン戦に投入され、ソ連戦車と対決することとなった。しかし当初はいくつかの効果を挙げたものの口径二〇ミリ砲では威力不足で、世界の対戦車火器も三七ミリから四七ミリと向上しており、またソ連戦車の装甲の意外な強さに歯がたたなかった。

日本がこれまで想像していたソ連戦車より、実際戦場に出現したソ連のBT戦車は強固で、その装甲の前には日本の対戦車火砲でも破壊することが無理だったのである。

陸軍はさらに冬季に備えて、九七式自動砲を強加する案を立て、寒冷地用ソリや補助脚をつけたり、また射手の安全面を考慮して防楯をつけるなどの対策を行なったが、決定的な威力向上とはならなかった。

昭和十六年末、日本は太平洋戦争へと突入し、米英諸国と戦うことになる。当時ヨーロッパ戦線は激化し、世界の戦況は戦車の利用価値を高め、重装甲の戦車が次々と登場した。

昭和十七年の春、ドイツから驚くべきプレゼントが約束された。「ドイツ軍は対戦車砲弾としてホールラードウング式が完成し、これをヒトラー総統から天皇陛下に贈呈したい」というものである。

ジテ弾を装備した九七式自動砲

これはただちに実行され、ドイツから対戦車砲弾の実物とその図面が潜水艦などで日本にとどけられた。

日本は非常に喜び、対戦車の頭文字をとって「タ弾」と名づけ秘密兵器として開発することになった。

九七式自動砲に利用されたのは、ジテ弾と呼ぶ円筒型の弾の頭部に円錐形の炸薬がつめられ、後方に伸びた棒を九七式自動砲の砲身に差しこみ、これを特殊空包で発射するものである。

弾の先端は空洞で逆円錐形になっており、モンロー効果で厚い装甲板を貫通することができた。

九七式自動砲につけたジテ弾は頭でっかちの砲弾で、弾の基部には発火と安全の位置があり、発火に回転させて砲口に装着、空包によって発射可能である。

しかし二〇ミリの空包発射方式では、擲弾の様に飛ばすだけならともかく、戦車に命中・貫徹しなければならない効力を要求されていた。

また射程も短く、戦場へ送る戦力化も不備であり、結局終戦となって効果が発揮されることはなかった。陸軍落下傘部隊に少数配備されていた。

車載機関銃

●戦車に接近する歩兵や敵陣制圧のために作られたその性能は

十一年式軽機の改型

戦車の持つ火砲に追従して、準備されているものに車載機関銃がある。車載機関銃は文字どおり戦闘車両に搭載した機関銃で、主に戦車、装甲車の砲塔および車体前部に車内から外部に銃口を突き出し、接近した敵兵や陣地をその火力を利用して攻撃制圧するのにもちいる。

●九一式車載軽機関銃

九一式車載軽機関銃は、日本の戦車車載機関銃として登場し、初期の八九式中戦車や九四式軽装甲車、九二式重装甲車などの砲塔銃や前方銃として使用された。

「九一式車載軽機関銃取扱法」には次のようにしるされている。

「九一式車載軽機関銃は各種戦車、装甲自動車および装甲列車等に装載するものにして、銃

（上）九一式車載軽機関銃。（下）八九式中戦車の砲塔で対空姿勢にした同機関銃

眼により車体に装着する。銃は挿弾子に装せる実包を装塡し発射による火薬ガスの一部を利用して遊底を開き、薬莢を排出し送弾作用を行ない、さらに復座バネの弾撥力によって次発の実包を装塡および発射し、自動的にこれを復行せしめ得るものとする」

九一式車載軽機関銃は昭和六年に制式化され戦車に搭載されることになったが、計画されたのは昭和二年頃で

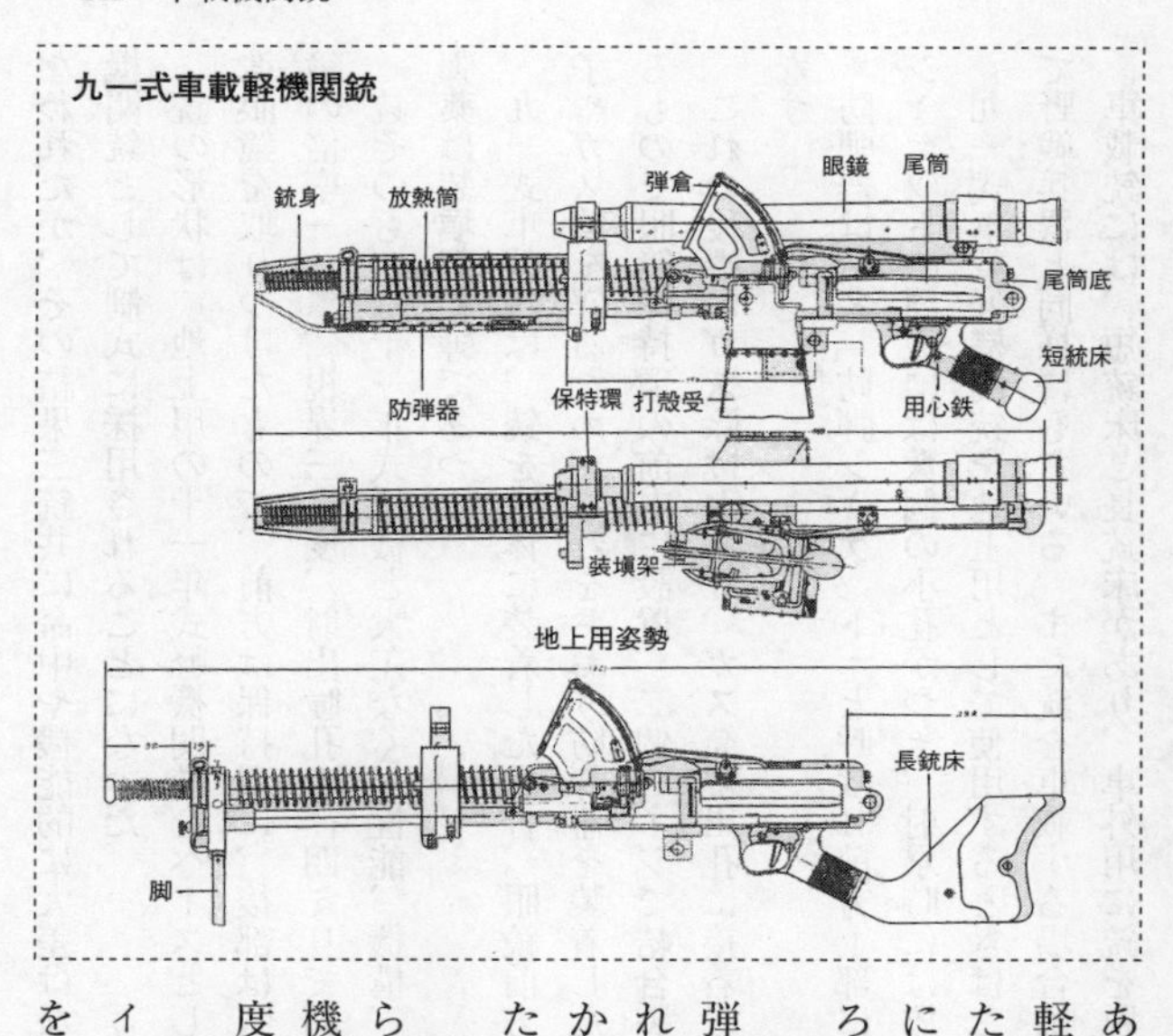

ある。これは国産の主力戦車・八九式軽戦車（後に中戦車）が設計を開始したのと同じ年である。そのため同戦車に搭載する予定で開発されたものであろう。

これに合わせて試作された銃は回転弾倉を持つ試作銃であったが、翌年これにテストを行なったところ、いくつかの不備があり採用にはいたらなかった。

昭和五年に戦車内に装備する必要から、銃に照準眼鏡をつけた試製車載軽機関銃が製作され、その機能と命中精度がテストされた。

このときはイタリアから購入したフィアット車載銃と、十一年式軽機関銃を改良した銃も同時に比較テストが行なわれたが、その結果三銃共に命中や機能的に大差はなく、結局その翌六年に九一式車載軽機関銃として制式に採用されることになった。

銃の形状は、地上用の十一年式軽機関銃をベースとして、脚部をはぶき銃の上に筒型の照準眼鏡を取りつけたもので、前方は保持環に、後部は眼鏡托架により銃に装着する。この眼鏡の倍率一・二、視界三〇度、射出瞳孔の径四ミリである。

銃そのものは十一年式軽機と大差なく、性能、機構、操作方法も同様で、ガス圧利用式、弾薬は装塡架給弾であった。

九一式車載銃は、銃を車体に装着した場合、眼鏡前方に露出する銃身および放熱筒、規整子やガス筒を守るため、これをおおう防弾器を装着した。防弾器の目的は銃の損傷を防止するもので眼鏡保持環の前方に設置、二個のネジで結合装着する。

これの後端にガス除けがあり、ガス筒排出孔に接着して排出ガスを外部に発散させる用もなす。

防弾器は一名「防弾ジャケット」と呼ばれ前方上部に照星の突出する窓があり、また防弾ジャケットの周辺には数個の小孔がつき、射撃時には放熱筒としての役目を持っていた。

九一式車載軽機関銃を地上用として使用するときはこの防弾器をはずして、二脚を装備して野戦兵器と同様にもちいる。また銃を車載する場合はこの脚を脱して防弾器を装着する。

車載銃には、短銃床と長銃床があり、車外用に銃を脱して使用するときには、短銃床に代えて長銃床をグリップに装着する。

この長銃床は十一年式軽機と同様に後端に床尾板がついた銃床で短銃床を脱した後、用心鉄の握把部に挿入し、グリップにかみ合わせて固定長銃床の装着を確実にする。

一方の短銃床は、木製の球状をした射撃時に便利なように作られ、これの脱着も長銃床と同じで二個の孤欠部により、長銃床を脱した後に装着固定し、車内での射撃操作上便利なものであった。

銃の弾倉部は十一年式軽機と同様な挿弾子ごと弾を装弾するホッパー型であったが、九一式車載軽機関銃のは十一年式より少し大型で、前方にやや傾いているが弾の装塡にはそうむずかしいものではなかったようである。

車載銃の射撃時に空薬莢が排出されるが、この打殻受けとして麻布製の薬莢入れが銃に装備されている。形状は細長い筒状のもので、上部は二股に分かれ、右方は薬莢受金に、左は挿弾子受金に止めておき、下は口金がついて空薬莢がたまった場合にはここから排出する。筒は中間が太くなっていて、薬莢収容を楽にしており、また連続射撃の場合は袋を二つ合わせて空薬莢の排出を良好に行なう。

行進中の射撃も可能

●九七式七・七ミリ車載重機関銃

九七式車載重機関銃は、九一式車載軽機関銃の口径六・五ミリと弾の威力が小さいことが指摘されたことから、口径を七・七ミリとし九二式重機関銃の弾薬を使用できることを主体に研究開発された車載機関銃である。

この七・七ミリ口径を基本にして三年式重機関銃を改修し、弾帯を布製の保弾帯とした形式のものを製作し、騎兵学校と戦車第二連隊で性能テストを行なったところ、結果的には良好でなく、さらに新規の車載機関銃が求められた。

次に、軽機関銃の試作銃として作られたB号軽機関銃と航空用八九式旋回機関銃を車載用に改造した銃を比較テストしてみた結果、試製B号軽機関銃が良好と判定されたが、それでも若干の改良が必要であった。

このB号軽機関銃の基本は、チェコスロバキアのブルーノ兵器廠で製作したZB26軽機関銃に範をとって開発したものであり、これをもとに試作品が名古屋工廠で完成した。

この試作銃をテストした結果、弾倉や使用弾薬に不備があることが判明したため、実包を従来の半起縁式のものから無起縁としたものに代えて再度テストした結果、意外にもこの無起縁実包が良い成績を示したので、これらを修正、銃そのものを改修して、昭和十二年に九七式七・七ミリ車載重機関銃として制式採用となった。

九七式車載重機関銃の形状は、ピストル型銃把と高低調節式の直銃床の肩当てがつき、銃を車体に装着した場合は、銃眼の前肩に突出する銃身、放熱筒部分には九一式と同様な防弾

九七式七・七ミリ車載重機関銃

器を装着する。

銃の給弾は二〇発入り箱型弾倉で戦闘中弾倉の交換が不便だという声も聞かれたが、狭い戦車内ではそれ以上の長弾倉をもちいることができず、この弾倉形式は変えられなかった。

照準眼鏡は銃の真上でなくやや左方に設置、前方は保持環に、後方は眼鏡托架によって銃に装着されている。

この眼鏡は富岡光学が昭和十年に試作に着手し、昭和十三年に制式となったもので、倍率一・五×三〇度、設計には曇らないことと、射撃により光軸の狂わないことを要求されて制作したという。

銃の床尾は当初、やや変形なものだったがこれを直床尾とし、戦車内から取りはずして野外用に使用する時は放熱筒の防弾筒を脱し、二脚を装着して通常の火器として使用できた。

●車載機関銃の搭載方法

機関銃の戦車搭載方法には、主火器として砲塔に搭載したものと、副火器として砲塔または車体に搭載したものとの二種類がある。

主火器としては、九四式軽装甲車や九二式重装甲車などの軽車両にもちいられ、旋回銃塔の正面に搭載し、車長自ら射撃を行なった。

副火器としては、砲塔の側面または後面および車体の前面に円形の銃眼を使用して搭載された。戦車の砲塔正面にはもちろん戦車砲が搭載されているので、機関銃を後方あるいは側方に搭載した。

これと関連して砲塔の形状は円型ではなく若干変形した形となり、我が国特有な戦車外観の特徴を示した。八九式および九七式中戦車、九五式軽戦車の砲塔がその一例である。

外国戦車の場合は、副火器として砲塔に搭載する場合は、通常連装銃として砲と併列して搭載され、球型または「らっきょう」型が多いのが確認される。

連装銃は昭和四年に八九式中戦車が制式化された頃、イギリスから購入したビッカース戦車に採用され、戦車砲と同一の眼鏡、照準機が利用できるので操作も容易で、その精度も高まったが、わが国ではなぜか採用されなかった。

機関銃を対空用として搭載する場合には、通常砲塔上の機関銃取付架に固定し、乗員は砲塔ハッチから上半身を乗り出して、対空射撃を行なった。

対空考慮の少ない初期の戦車には対空機関銃はなかったが、それでも機関銃取付架がついたものがあり、八九式中戦車（乙）以降の戦車には皆装備されることになった。しかし、口径が小さいため威力はとぼしかった。

戦車に機関銃を搭載する場合には、通常前方銃として使用された。銃手は操縦手と共に車体の前方に位置し、できるだけ方向高低の射界を広くし、かつ操作を軽快容易にするために通常球型の銃眼がもちいられた。

わが国の戦車の前方銃には、照準眼鏡が銃と同軸に取りつけられ、また銃口は行進中の射撃も自由に行なうことが可能であった。従って銃の命中精度は非常に良好だった。

地上から対空射撃へ

●九二式十三ミリ車載機関砲

昭和初期に騎兵の機械化が進められ、昭和六年十月、石川島自動車製作所に依頼していた九二式重装甲車が完成した。この重装甲車は、また世界でもあまり例のない全面溶接構造を持った二人乗りの軽戦車であった。

兵装は九二式十三ミリ機関砲（十三・二ミリ機関砲と呼んだ）一門を車体右前方に前方銃として搭載し、九一式六・五ミリ機関銃を旋回砲塔に装備した。

この九二式十三・二ミリ機関砲は、砲口制退器をつけ、ピストルグリップと肩当てがついた形式で、九一式とよく似た照準器が装着されていた。

その後、九二式重装甲車は懸架装置が初期型の二組の小転輪をリーフスプリングで支える構造から、三組の小転輪形式に変更され、さらに後期型では大型の四個に減少、機関砲架も初期のものと大きく相違することになったのである。

当初九二式重装甲車は対空装置をつけていない角張った装甲形式であったが、六個転輪から四個転輪へと改修されるにつれ、車体前方の十三・二ミリ機関砲砲架部分も丸い形状のものとなり、装甲部分も角がとれたものに修正された。

このことから九二式重装甲車は対空射撃も可能な形となり、搭載する九二式十三・二ミリ機関砲も固定式ながら対空可動も容易な方式へと改修されることになり、画期的な対地兼対空機関砲へと生まれかわったのである。

改良部分は、従来の銃把付引金部と肩付銃床を廃止して、尾筒底にはグリップ状の架尾と引金がつき、高射姿勢を取る場合はこの尾筒部分からグリップ付架尾のみ上に屈折する。そのため当然として砲口部は上を向くように押されて機関砲自身が高射姿勢となる。

さらに照準眼鏡も中間から折れ曲がる形式の特殊眼鏡が採用され、射手は座ったまま地上射撃から転じて、対空姿勢を取ることが可能であった。

この屈折する眼鏡は「十三ミリ高射機関砲照準眼鏡」として制式光学兵器に指定され、とくにこの眼鏡は第二菱形プリズムを軸として前方は固定していた。

後方は上方に一〇〇ミリくらい屈曲（約六〇度弱）する面白い考案で、いかなる姿勢でも

九二式重装甲車に装備された九二式十三・二ミリ車載機関砲

九二式十三・二ミリ車載機関砲

消炎器
砲身
照星
放熱筒
眼鏡托架
弾倉（大）
眼鏡
尾筒
架尾（高射姿勢）
防弾器前板
防弾器後板
揺架
架尾
打殻受
砲眼
大槓桿
槓桿
尾筒底
眼鏡托架
眼鏡

試製四式車載重機関銃

照準できるものとして開発され、陸軍技術本部でもテストを再三再四行なって、やっと実用にこぎつけた対空、対地用の照準眼鏡であった。

倍率一倍、実視界五〇度、射出瞳孔径四・二ミリで、とくに戦車の振動衝撃に耐えて照準線が変化しないこと、視軸が射撃による衝撃や振動で狂わないことなどを重視された。

機関砲には砲口に消炎器がつき、また放熱筒部分に短い防弾器が設置された。なお弾倉は三〇発入と一五発入の二種があった。

ドイツ式車載機関銃

●試製四式車載重機関銃

昭和十四年のノモンハン事件を機に、九七式車載重機関銃の性能を見直すことになり、昭和十五年頃から故障の少ない命中精度の良い新規な車載重機関銃を開発することになった。

この年の四月に改訂された研究方針では、口径七・七ミリ、重量約二五キログラム（防弾器、眼鏡、弾薬、薬莢受けとも）で、ガス利用か反動式、給弾方式は保弾帯形式のものという要望が提出された。

当時ドイツはポーランドに進攻して、第二次大戦に突入したが、陸軍はドイツ系の機関銃を資料としてラインメタル社の航空用と車載用機関銃を取りよせ、これを母体に反動利用式の車載機関銃を試作した。

わが国の地上機関銃はすべてガス圧利用の自動機構を採用しており、このガス圧利用式に比較して反動利用式は、尾筒に吹き戻される遊底の緩衝筒、復座装置などを内蔵するため、尾筒部が後方に突きでるので、狭い車内では操作が不便であるという意見が出た。

試作機関銃の形状は、銃身上に空冷放熱筒がつき、機関部と下にグリップ付き引金、尾筒下部から伸びた軽易な肩当てがあるといった形式で、機関部上左寄りに筒型の照準器がつき、ラインメタル系反動利用式を取り入れたことにより、従来のガス利用式と比べてスッキリした形態の車載機関銃になっていた。最大特徴は銃身交換が楽にできることである。

これは試製車載重機関銃一型と呼ばれ、また後には試製四式車載重機関銃となって、各種の射撃テストや、実用テストを実施したが、結局制式採用とはならずに終了した。

NF文庫

日本陸軍の機関銃砲
二〇一七年十月十七日　印刷
二〇一七年十月二十二日　発行
著　者　高橋　昇
発行者　高城直一
発行所　株式会社潮書房光人社
〒102-0073 東京都千代田区九段北一-九-十一
振替／〇〇一七〇-六-五四六九三
電話／〇三-三二六五-一八六四(代)
印刷所　慶昌堂印刷株式会社
製本所　東京美術紙工
定価はカバーに表示してあります
乱丁・落丁のものはお取りかえ致します。本文は中性紙を使用
ISBN978-4-7698-3031-3　C0195
http://www.kojinsha.co.jp

NF文庫

刊行のことば

第二次世界大戦の戦火が熄んで五〇年——その間、小社は夥しい数の戦争の記録を渉猟し、発掘し、常に公正なる立場を貫いて書誌とし、大方の絶讃を博して今日に及ぶが、その源は、散華された世代への熱き思い入れであり、同時に、その記録を誌して平和の礎とし、後世に伝えんとするにある。

小社の出版物は、戦記、伝記、文学、エッセイ、写真集、その他、すでに一、〇〇〇点を越え、加えて戦後五〇年になんなんとするを契機として、「光人社NF(ノンフィクション)文庫」を創刊して、読者諸賢の熱烈要望におこたえする次第である。人生のバイブルとして、心弱きときの活性の糧として、散華の世代からの感動の肉声に、あなたもぜひ、耳を傾けて下さい。